長野の「脱ダム」，なぜ？

保屋野初子［著］

築地書館

かつてダムはコンクリートでなかった——序にかえて

子どものころ、私の身近な世界に「ダム」という言葉はなかった。水を貯めるものは「ダム」ではなくて「ため池」だった。生まれ育った長野県上田市西部に開ける塩田平は、全国でも有数の降雨量の少ない地域だがコメどころでもある。年間平均五〇〇ミリ台の天水しかもらえないような地域が一面の豊かな水田で満たされ、周囲をぐるり取り囲む山裾に城址やいくつものお寺・神社が栄えたその秘密は「ため池」にあったと思う。

司馬遼太郎は『街道をゆく』の中で、塩田平を「この塵取《ちりとり》形の小さな平野は、奥の別所において高く、千曲川の方向にむかい、ゆくにつれて低くなる。狭いながらも、見るからに膏腴《こうゆ》（あぶらみ）の地といった感じである」と紹介している。

家の裏手のほうにも大きなため池があった。高さ一〇メートルほど、厚みある土手はゆるやかな曲線を描いて水を取り囲み、よく刈り取られた土手草の急斜面は青草のすべり台として子どもたちの格好の遊び場だった。

池は水田のかんがい用の水を貯え、ついでに鯉を養殖していた。佐久鯉ならぬ塩田鯉。たしか秋口になると、鯉の水揚げがあり底さらいが行われた。恒例のこの行事がまた、子どもたちにとってはフナやドジョウといった生き物をたやすく収獲できる一大イベントでもあった。今よりもっと寒かった冬になると池は結氷し、柵などなかったから危険を冒して氷の上にそうっと下り立ち、その感触を確かめてみたりもした。

ため池はそんなふうに、子どもの世界にも根をおろしていた。だから、ずうっと後になって「ダム」といわれるものに出会ってからも、長いこと私には「ため池」と「ダム」は結びつかなかった。法律のなかでの「ダム」は、堤高一五メートル以上の流水を占有するための工作物と決められているので、そこからすれば「ため池」はたしかにダムとはいえない。しかし、もっと本来的な役割まで視野を広げてみれば、「水を貯えるしかけ」を〝ダム〟と捉え直すことができるだろう。ため池は間違いなく〝ダム〟だったのだと、このごろになって理解した。

二〇〇〇年夏にオランダからドイツ、オーストリアへと列車で旅行した。ドイツあたりで田園風景をぼおっと眺めていて気づいたことがある。風景を構成する土地のラインが上下、左右ともなだらかにうねる曲線を描いている。そこに葡萄や小麦が植わっている。日本のそれは、そういえば水平な直線が山裾まで続くか、山間でも短い水平直線が段々をなしていて、どこでも水平ラインで構成されている。そう、水田に水を張るために営々と創り出してきたラインなのだ。

いちめんの緑なすゆるやかな曲線でできた風景と、無数の水面の水平直線がつくる風景。そうだったのか、日本というのは上から下まで、小さなしかし膨大な数の〝ダム〟によって大量の水をたたえる列島なのだ。これもいまさらながら納得がいったことだ。

法律で定める「ダム」は身近でなくとも、〝自然にちかいダム〟なら昔から誰のそばにもあり馴染んできた。それらは土でできていたり、森であったり、草や木々や石でできている。さまざまな〝自然にちかいダム〟のことを私たちはダムだと思わないでここ何十年も過ごしてきてしまった。「ダム」とは、コンクリートの巨大な壁（ロックフィルの場合もあるが）で川の流れを塞き止めて工場のように操業するものだとばかり思い込んできたのだ。

かつて〝ダム〟はコンクリートでできてはいなかった。田中康夫長野県知事があちこちに衝撃を与えた二〇〇一年二月の「脱ダム宣言」のなかで、あえて「コンクリートのダムは……」と述べているのはまさにそういうことだ。ダムというものについてここ数十年、役所だけでなくみなが固定観念で凝り固まっていた定義をもっと広げて考え直そうよということだ。せっかくのチャンスである。本書が日本人が各所各所で使いこなしてきたさまざまな〝ダム〟について考え直すきっかけになるように願っている。

二〇〇一年三月

保屋野　初子

目次

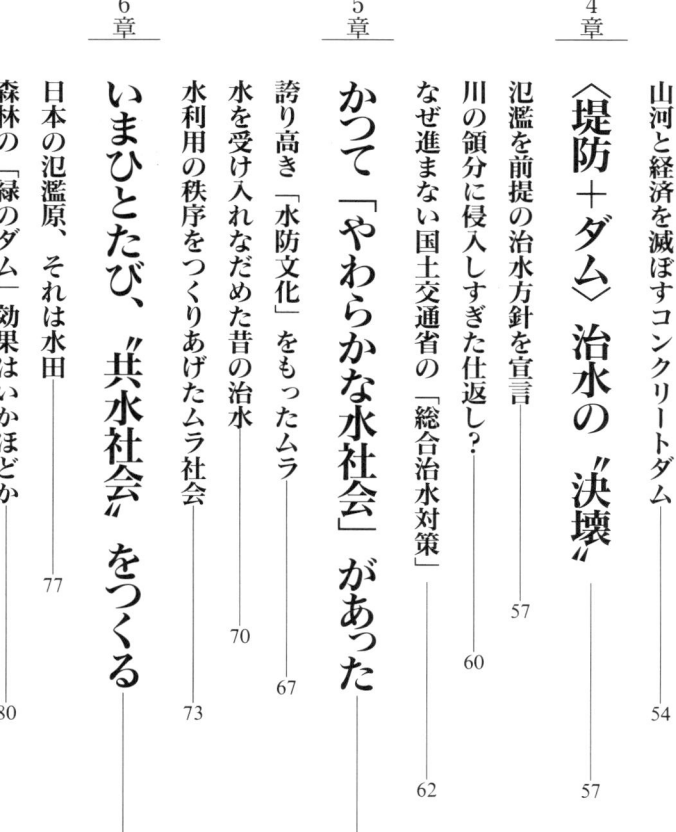

1章

なぜ「脱ダム」なのか

「脱ダム宣言」は唐突なのか？

二〇〇一年二月二〇日、田中康夫長野県知事は次のような「脱ダム宣言」を発表した。

数百億円を投じて建設されるコンクリートのダムは、看過《かんか》し得ぬ負荷を地球環境へと与えてしまう。更には何《いず》れ造り替えねばならず、その間に夥《おびただ》しい分量の堆《たい》砂《さ》を、此又《これまた》数十億円を用いて処理する事態も生じる。

利水・治水等複数の効用を齎《もたら》すとされる多目的ダム建設事業は、その主体が地方自治体であろうとも、半額を国が負担する。残り50％は県費。95％に関しては起債即ち借金が認められ、その償還時にも交付税措置で66％は国が面倒をみてくれる。詰《つ》まり、ダム建設費用全体の約80％が国庫負担。然《さ》れど、国からの手厚い金銭的補助が保証されているから、との安易な理由でダム建設を選択すべきではない。

縦《よ》しんば、河川修復費用がダム建設より多額になろうとしても、一〇〇年、二〇〇年先の我々の子孫に残す資産としての河川・湖沼の価値を重視したい。長期的な視点に立てば、日本の背骨に位置し、数多《あまた》の水源を擁する長野県に於いては出来得る限り、コンクリートのダムを造るべきではない。

就任以来、幾つかのダム計画の詳細を詳《つまび》らかに知る中で、斯《か》くなる考えを抱くに至った。これは田中県政の基本理念である。「長野モデル」として確立し、全国に発信したい。（略）

治水の在り方に関する、全国的規模での広汎なる論議を望む。

この宣言が長野県において具体的に意味したものは、本体着工が間近に迫っていた下諏訪ダムの中止と本体未着工の七ダムの原則中止であった。

「全国的規模での広汎なる論議を望む」知事の思惑はひとまず大当たりし、前日から地元紙の信濃毎日新聞は脱ダム方針をいち早く報じたし、当日の新聞・テレビはその日のトップニュースとしてこぞって伝えた。ポツダム宣言にも似た響きの「脱ダム宣言」は、その言葉のもつ強いインパクトでもって、それこそ「ダム」のことなど関心もなかった人々の口にまで膾炙《かいしゃ》することになった。

反響は、予測されたこと、予測されなかったこと含めて同時多発的、連鎖反応的に起こっている。即座に国土交通省や県議会、関係する市町村長、国土交通省から出向していた光家康夫土木部長（当時）がこれに反発したのは当然として、マスコミも「唐突」「代替案があいまい」「議論あい半ば」といった、似たような論調にだいたい集約されていった。

「脱ダム宣言」はそんなに唐突だったのだろうか？　たしかに長野県でのそれまでのいきさつ、国のダム方針といった文脈からすれば〝過激な言葉の突然の発露〟と感じられても仕方がないし、発し方に対する批判が起こるのも理解できる。

しかし、もう少し広い歴史的な視野で構えれば、いくつもの出版物や報道が繰り返し伝えてきたように、世界はもう九〇年代から「脱ダム時代」に突入し次のステップを踏み出している。その潮流からすれば、やっと日本も言葉のレベルながら国際水準に辿り着いたのかと感慨深くさえある。全国各地でダム計画の非合理や手続きのおかしさに疑問を投げかけ事業の中止や見直しを何十年も求めてきた人々にとっては、「ついに」「やっと」という思いがするのは当然なのである。

宣言の国、根まわしの国

アメリカ合衆国内務省開墾局のダニエル・ビアード総裁（当時）が「アメリカは大型ダムの開発をやめた」と宣言したのは、一九九四年のことだった。この話はもう耳ダコだという人もいるだろうし、初耳の人もいるだろう。が、「脱ダム宣言」が日本でも発せられた以上、お先にとばかりダム建設を脱してしまった元祖アメリカの事情も振り返らざるをえない。

「宣言」を発したのは、それまで数多くの巨大ダムを造ってきた合衆国開墾局の長であった。日本でいえば国土交通大臣か農水大臣にもあたるような立場の人物だ。当時、宣言はアメリカのダム計画を進めてきた人々にはやはり唐突であったろうし、環境問題や財政問題に取り組んできた人々には「よく言ってくれた」という評価となったであろうことは想像に難くない。

このニュースはビアード氏自身が一九九五年と一九九六年にNGOの招きで来日して多くの市民に直接伝え、同時にマスコミを通じて全国に発信された。が、まさか数年後に日本で若い首長が同様の宣言をするなどは誰も考えてもみなかった。

アメリカのリーダーはまず宣言をしてから事を始めるようだ。そもそも合衆国自体が独立宣言に始まる国だ。さまざまな運動も「宣言」から本格的議論に入り、解決策が模索され、制度づくりへといったプロセスを踏んで目的達成に近づけていくようだ。

自分は何者であり何を考えているのかをまず表明することが移民の国のルールだからなのか、「初めに言葉ありき」と記す聖書の原点が生きているからなのかわからないが、ともかく進むべき針路を明確な言葉で発すること、それはアメリカのリーダーに求められる基本的な姿勢のひとつであるように見える。それだけにリーダーがもつ言葉の能力は重要だ。大統領が事あるごとにテレビを通じて国民に直接に、肉声で語りかけ説得するのはその一環なのだろう。

日本でのリーダーは違う。自分の考えを勝手に表明したりしない。さまざまな利害を調整し力関係を測りつつ落としどころを探り、ほぼ丸く収めていく。だから冒頭での「宣言」などもってのほか。「言葉」はできるだけ直接的に発しないこととなる。その結果、私たちは自分たちのリーダーを言葉によって判断する機会をすっかり失い、果ては森喜朗首相のような言葉レベルしか持ち合わせない政治家をリーダーに据えていることに愕然とするばかりだ。

だからといって日本のリーダーが言葉のレベルで合衆国大統領のようにふるまうとそれが違法かといえば、そうではない。日本国憲法において、地方自治体の長とは「大統領」にほかならない。住民の直接投票で選ばれ、行政上大きな権限をもち、議会を解散させることもできる。田中康夫知事の「脱ダム宣言」は、そのスタイルだけ見ればアメリカ型リーダーシップをとろうとしたようでもあり、日本国憲法の実践ともいえなくない。

背景には、ダムなど異論の出ている公共事業の見直しをはっきりと公約に掲げ、県民がそれを住民投票的に支持したことがある。大仏ダム中止、浅川ダム見直しを打ち出した後も、「脱ダム宣言」後も九〇%前後という異常な支持率を維持した。少なくとも「脱ダム宣言」そのものが「手続き違反」とか「民意を反映していない」ということにはならないだろう。

本来なら県議会では、県民に選ばれた首長の基本方針や理念表明に対して、理念論争をしてほしいところだ。質問が重箱の隅をつついたり本来のダム論争にならなかったことは残念だ。政治の理念を議論する場は今の日本にはないのだから。

ただ田中知事の「脱ダム宣言」がアメリカと違うのは、大衆的なコンセンサスはかなりいいところまで行っていても内部的な合意が熟していないことだろう。でも、この国で行政内部での自己改革を待つことに人々は疲れイライラしている。「宣言」は、この国では議論の端緒とならざるをえない事情があることも事実だ。

アメリカは脱ダムからダム撤去へ

アメリカでは今、古くなったダムを次々と撤去し始めている。一九九七年以来これまでに約五〇〇、検討中のものを含めると六〇〇以上が対象となっている。ダムの本場アメリカには七万五〇〇〇ものダムがあるが（堤高一八三センチ以上の小さな堰も含めるので日本の一五メートル以上の「ダム」数と単純比較できない）、撤去の背景には、近年、土壌汚染や漁業衰退、水温上昇、水中酸素減少、湿地帯破壊といったダムの生態系への害が解明されてきたこと、約四分の一のダムが築後五〇年を超えたことなどがある。

まだ四〇〇から五〇〇のダムを造ろうとしている日本からすれば過激に映るかもしれないが、アメリカもここに至るには長い論争とバトルの歳月を重ねてきている。その蓄積の堰を「宣言」によって切ったのが前述のビアード氏だった。一九九五年と一九九六年に来日したビアード氏が語った脱ダムの理由と背景はおおよそ次のようなものだった。

合衆国開墾局は、一九〇二年に公共事業官庁として生まれ主に西部での水源開発と経済発展促進の使命を果たしてきた老舗の連邦官庁である。手がけたダムは、フーバー・ダム、グレンキャニオン・ダムといった世界に名だたる巨大ダムを含み、水供給と電力生産に大きく貢献してきた。が、一九九〇年代初めから大幅な計画見直しを行ってきた。その理由は、

① アメリカ経済が大規模な水資源開発を支えられなくなった
② 環境保護をより重視する一般大衆の支持を得られなくなった
③ 開発による自然破壊などの代償が大きすぎる
④ 環境の経済的価値を事業に組み込めるようになった
⑤ ダムに頼らない新しい水資源管理方法がわかってきた

すなわち、「ダムは投資効果からも環境への影響からもコスト的に合わなくなった」から。そこから必然的に導き出された結論が「合衆国ではダム建設の時代は終わった」というものだ。今後新規の大規模事業が計画されることはほとんどありえない。

代わって開墾局が取り組むべきことは、水のコストを組み込んだ水配分、環境保護計画を全面的に組み込んだ多目的水資源管理であるが、高くつく失敗を繰り返さないためには、あらゆる関係者が参加できる開かれた意思決定の仕組み、いわば「ソフトソリューション」が重要だ。開墾局の使命は、「アメリカの公共利益のために、環境的および経済的に健全な方法で、水およびそれに関連する資源を管理、開発すること」と書き換えられた。

ダムをやめる決断を下したビアード氏に続き、ダムを壊す「動くシンボル」となったのはブルース・バビット内務省長官だった。本物の大ハンマーを片手に、取り壊しが決定したダム現場に駆けつけては最初のひと振り行脚を行った。

バビット氏は、ダム撤去まで熟した要件として、①本来のダム機能を失ったもの、②ダムと同じ利益を別の方法で得られるようになった場合、③利益を得るための費用が高すぎる場合、などを挙げる。

ビアード氏もバビット氏も、実質的な決断とともに、最もよいタイミングで自らシンボルを演ずる。演目はもちろんひとりよがりのものでなく、人々の支持ある出し物であることは言うまでもない。民主主義の社会にも、熟した機を捉え最後のところで人々の目と心に落とし込む役者が必要なのかもしれない。

そしてバビット氏は人々にたたみかける。「私の父母の世代は、アメリカの川にダムができるのを心から喜びました。私の世代は、川がダムによってどんなに変えられ、醜くされ、殺されたかを見ました。みなさんの世代は、ダムを残すのか、壊すのか、壊すとすればどれを、どのように壊すのか、決定する助けにならねばなりません」と（以上、バビット氏の部分は新倉俊子氏訳を参照した）。

サケの邪魔をする権利はない

アメリカのダム撤去運動――運動というときアメリカではその主体に官民の区別はない――の主人公となっているのは、サケと先住民だ。北西部、太平洋に注ぐコロンビア川上流で起きている四つのダム撤去をめぐる「サケか、ダムか」論争にふれてみたい。

コロンビア川流域に水力発電ダムが多数建設されてから、遡上性のサケやスチールヘッ

図１　アメリカ・コロンビア川上流のグラナットダムは、他の３つのダムとともに撤去運動の対象になっている（上)。サケなど遡上性の魚類のため、折り返しのある長くゆるやかな勾配の魚道を付けたものの（下)、99年には政府職員を含む200人の科学者たちがクリントン大統領（当時）にあて「すべては効果がなかった」ことを訴える手紙を出し、論争は続いている。

ドが減少したため電力会社は魚道などを造って解決策を探ってきた。が、多くの住民やNGOから撤去を望む声が上がっている。一九九九年三月には科学者二〇〇人が連名でクリントン大統領（当時）にあて、「あらゆる技術的な解決策は無効だった」とし「ダム撤去で解決するか、永久にサケを失うか」と決断を迫る手紙を出した。驚くべきは、そのなかに多数の政府職員が含まれていたことだ。

流域住民の流れはダム撤去の方向にあり、住民投票となれば負ける恐れのある企業や国（陸軍工兵隊）は必死の広報活動を行っている。対象となっているダムのひとつ、グラナットダムに行くと、発電所脇にある「魚道」が傾斜をゆるやかにとるため途中で折り返す造りになっていて、その一辺が数百メートルもあるのに驚く。魚道の中が見える見学所では、いかにサケやスチールヘッドのために努力しているか、地域の発展に貢献しているかをPRするビデオや説明が流される。

地元紙が延々一年以上にわたってリポートし続けているコスト論争――輸送、電力、観光、雇用、納税者、先住民、その他あらゆる立場の人々の事情・考え――もさることながら、サケ類の遡上を確保することへの大方の合意が、ここでのダム撤去運動の力になっている。そして、サケの狩猟文化を断たれてしまった先住民の文化的権利も、同じくらい重視されている。

この背後には、一九七〇年ごろまでに、ダムによって北西部のグレートサーモンとスチールヘッドをほぼ絶滅させてしまったことへの反省がある。

一九九九年に撤去したメーン州のエドワーズダムの場合もそうだった。環境保護団体が「川に魚を呼び戻すには撤去が必要」と運動を開始してから一〇年、最終的にダム運営の許可権限をもつ連邦エネルギー規制委員会がダム撤去を命じて決着したのだが、その理由はこんなふうだった。

「エドワーズダムは発電量が少ないわりに、自然に悪影響を与えている。魚を川に呼び戻すにはダムに魚道を造るより撤去するほうが経済的」

日本でいえば水利権更新の許可にあたるポイントで見直しがなされた例だ。川の水を使う権利のあり方がサケや文化にも与える方向に広がってきたことが、アメリカのダム撤去の背景にはありそうだ。そして、海からの回廊を回復した川には、もうすでに大量のサケが戻ってきていると聞く。

（コロンビア川水系のダム撤去運動に関する資料は、現地在住の細井久栄氏提供による）

図2　オランダは数百年にわたり海水を排除して干拓を行うことで農地を増やしてきたが(上)、最近になって余ってきた農地を川の氾濫域に戻す政策に転換した。高潮対策で造られたハリングフリート河口堰（下）も、2005年から徐々に開放し海水を内湾に入れることが決定した。

農地を川に〝お返し〟するオランダ

オランダは、日本が近代治水技術を最初に学んだ国であり、海水・内水と闘い干拓によって広大なデルタ地帯を国土に変えてきた長い歴史をもつ。そのために国土の四分の一が平均海面より低い。そのオランダが最近、水との闘いから平和共存への歩みを始めている。

二〇〇〇年五月、オランダ国会はライン川河口部、北海への出口に設けているハリングフリート河口堰を五年後から徐々に開放していくことを決めた。堰は、高潮被害への反省から七〇年に完成し、内湾を淡水化して一五〇〇万人分の水道水、農業用水にも利用している。それを元のように海水を入れる運用に変えようというのだ。

「海水を入れることのメリット・デメリットを測りながら慎重に運用していきます」と、オランダ交通公共事業水管理省の担当者（当時）、ファン・ヘース氏は話した。すでに何度か運用実験を行ってきている。

ハリングフリート堰では閉め切り後さまざまな弊害が現れた。数年後には海水と淡水が混じる汽水域独特のアシ原やサケ・マスなど遡上性の魚、鳥などが姿を消し、豊かで美しかった生態系は淡水のすっかり凡庸なものに変わってしまった。そのうえ、ライン川上流の国々から流れ着いた汚染物質が湾内に溜まり続け、堆積物は推定一億トンにも達しているが、解決策は見つかっていない。

高潮から人命・財産を守りながら生態系も回復していくにはどうしたらよいか――何年もの議論の末に今回の決定となったものだ。堰の安全保障度は日本では考えられないほど重い。日本でいえば長良川河口堰、諫早干潟潮受堤防、利根川河口堰を同時開放するに匹敵するような水管理の重大な転換がなされたことを意味する。なぜそれができたのか。

オランダでは一九九三年、一九九五年とたて続けにライン川流域が大洪水に見舞われ、数百年かけて築き上げてきた堤防と堰による治水システムの限界を見せつけられた。それと一九八〇年代から高まった人々の自然への関心とが合流し、政府・国会に〝新しい治水〟へと踏み切らせたのだ。

「水を川の中に閉じ込めるのでなく、可能なかぎりあふれさせる」という発想の転換は、折しもオランダはじめEU諸国で農産物が過剰生産となり農地が余ってきている背景もある。NGOが「川にもっとスペースを与えよう」というキャンペーンを始め、小さな実験プロジェクトで政府の河川政策をリードしてきた。その基本方針とは、余った農地を遊ばせておくよりも川に〝お返し〟するほうがいい、というものだ。

オランダ政府は河川流域の農地の買い上げや借用をし、堤防の一部を切るなどして昔あった小さな枝流を回復させている。こうして過去一〇年間に河川流域農地の一〇%を自然状態に戻し、さらに今後一〇年内に三〇〜四〇%を川の領分に戻していく予定だ。

〝生態学的な治水〟を進めるドイツ

治水と生態系回復との合体政策でドイツは先端にいる。ライン川中流域で実施している「統合ライン計画」と呼ばれる事業が代表的なものだが、分権型のドイツでは治水は州政府の仕事だ。

流域に大都市ベルトを抱えるバーデンヴュルテンブルク州は、一九八七年から「上ライン」と呼ばれる流域の二百数十キロメートル区間で、かつて氾濫原であった場所のうち一三カ所を調整地にし、そこに「ポルダー」と呼ぶ遊水池を復活させる事業を行っている。かつてのようにそこで洪水を受け止め下流での流量の急増を抑えるのが目的だ。これまでに二カ所が完成し、一九八八年の洪水では下流で実際に最高水位を下げることができた。

州政府の計画担当者によると、「一三の調整地が完成すれば二〇〇年に一度規模の洪水

図3　ドイツのバーデンヴュルテンブルク州は、ライン川中流域に13の調整地を設け、「ポルダー」と呼ぶ遊水池で洪水調節を行うと同時に生態系を回復する“生態学的な治水”を事業化し、成果をあげている。写真はアルテンハイム・ポルダーの風景。

にも耐えられる」という。それらの貯留量は合わせて一億七〇〇〇万トン、日本の最大級ダム二つ分ほどの「洪水調整能力」である。

統合ライン計画のもうひとつの重要な目的は、氾濫原の生態系回復にある。いちばん早くできたアルテンハイム調整地では、二つあるポルダーに昔のような生態系が復活しつつある。ライン川堤防を少し切って水門を設け、水を人工的にコントロールしながらポルダーに入れることで、かつてのような「いつも水がある氾濫原」を取り戻したことによる。

彼らが呼ぶところの「エコロジーの氾濫」は、治水と生態系回復を〝統合〟する新しい治水システムといえる。遊水池による治水は、むしろ日本がお得意だった伝統的治水技術だが、現代のドイツがシステムとして管理する方法を確立したわけだ。

キーワードは「氾濫原」のダイナミクス

〝生態系を生かした治水〟という考え方と方法は、ヨーロッパ全域に広まっている。国や州により、あるいは河川特性や地方によりさまざまだが、それらは「河川再自然化」と呼ばれる。日本ではやりの「近自然工法」は、これまでの近代河川工法をより自然に近づけたもので、近代河川工法を積極的に取り外す方向に進む「河川再自然化」とはコンセプトがちょっと違う。

「河川再自然化」プロジェクトは現在、ヨーロッパの二五カ国以上で数百が展開されているといわれる。各国各州がこぞって治水政策の転換に着手したのには、「健全な水システムによる治水のほうが堤防を高くしていくより安いことが人々に知られるようになった」という背景があるようだ。

ヨーロッパでは、今あるダムは治水というより水力発電と運河のためのものが多い。運

図4　ヨーロッパ人が理想とする氾濫原。洪水のダイナミクスによって創り出される河畔林、砂洲、流倒木、水などが織りなす風景を再生するのが「河川再自然化」の神髄である。

河は大陸ヨーロッパの物資輸送の大動脈となっていること、フランスとイギリスを別とすれば「脱原発」のエネルギー政策を国民投票などで選択していることから、フランスでの二例以外に今すぐダム撤去という話は少ない。が、今後新たなダム建設は考えられないという。

そして水政策のこのような転換を裏づけたのが、生態学や水文学などの学問だ。とくに河川再自然化のキーワードである川の「ダイナミクス」は、氾濫原研究から明らかになった。氾濫原がどのような働きをしているのか、この一〇〜二〇年の研究成果の積み重ねが統合ライン計画などの〝生態学的な治水〟を生み出したのだ。

ドイツにあるWWF（世界自然保護基金）氾濫原生態研究所がその中心となっている。エミール・ディスター所長は、氾濫原の役割について次のように説明してくれた。

「まずは洪水を緩和し、地下水を涵養します。さらに水を浄化する働きがあり、生物多様性も支える。そしてその景観や自然環境は人々に憩いの場を提供してくれます。こういった機能はすべて、氾濫原内の水位がつねに変化するというダイナミクスによってもたらされる。もっといえば、自然界の循環を支えているのです」

ダム反対運動が火をつけた

ヨーロッパを河川再自然化へと向かわせるきっかけは、やはりダム反対運動の盛り上がりだった。日本に先だつ一九八〇年代のこと、なかでもエポックメーキングとなったのが、ウィーン郊外ドナウ氾濫原の森を舞台にわきおこった「ハインブルクダム反対運動」だ。

一九八四年、ドナウ沿岸のハインブルクで国の水力発電所建設計画があることが明らかになり、氾濫原林の一部で伐採が始まると反対運動に火がついた。WWF（世界自然保護基金）など自然保護団体、生態学者らが現地に結集し抗議行動を始めた。ノーベル賞受賞の生物学者コンラッド・ローレンツ氏はじめ科学者たち、政治家も多数座り込みを行った。

抗議運動のリーダーであったＷＷＦオーストリアは、ダムの水没予定地四一一ヘクタールの所有者である男爵と土地買取交渉を始め、そのための資金調達キャンペーンを展開。マスメディア、有名人たちがこれに全面的な協力を惜しまなかったこともあって、最終的になんと一二万人が募金したという。買い取りは一平方メートルずつだったが、土地買収費用と漁業補償費とを合わせると七〇〇万米ドルを必要としたため、銀行ローンに頼らざるをえなかった。そのローンの個人保証をしたのがＷＷＦドイツ代表だったと聞くと、土地を自然保護団体に売った男爵といい、ヨーロッパの懐深さにため息が出そうだ。

「ヨーロッパ最後の大規模な氾濫原林を守ろう！」という呼びかけはオーストリア国民だけでなく、国境を超えてそれこそ〝ヨーロッパ人〟の心を動かしたようだ。当時ヨーロッパ中に高まっていた自然保護への欲求と流れが、ハインブルクに結集したと言っていい。その結果、オーストリア政府は一九八六年には早くも計画を撤回。そして、ＷＷＦなどの提案を受けて国立公園化へと方針大転換を図り、ＷＷＦが買い取った四一一ヘクタールを含む一万ヘクタールを一九九六年一〇月に「ドナウ氾濫原国立公園」に指定するに至ったのである。

ハインブルクダム反対運動の成功が、ヨーロッパ各国の河川管理政策に与えた影響ははかりしれない。オーストリア政府は「ダム計画から国立公園へ」という大変更を行ったのをきっかけに、河川管理政策の転換を図った。いわゆる河川再生、再自然化を水政策の柱に据えたのである。他国でも、このころから「再自然化プロジェクト」が続々と始まる。

ハインブルクダム反対運動当時、学生リーダーだった生態地理学者のアレクサンダー・ズィンケ氏（現在、環境コンサルタント）は、ダム反対運動が契機となり河川政策まで転換させた理由を「政府の計画に反対する住民・NGO側が生態学、河川工学の知識をもち専門的にも説得力のある論を展開しえたからです」と話してくれた。

WWF氾濫原生態研究所はこうして、反対運動のさなかの一九八五年に設立されたものだ。現所長のエミール・ディスター氏は運動の火つけ役であり、以前は生態地理学者として大学で教鞭をとるズィンケ氏の師でもあった。日本の現状を見るにつけ、学問と市民が生きていることと、川が命を取り戻したこととの深い関係は感動的ですらある。

自然への〝譲歩〟が始まっている

「われわれは、川を人間のために使うことから少しずつ撤退していきます」

オランダのハリングフリート河口堰再開放プロジェクト担当者、ファン・ヘース氏の言ったこのセリフはとても印象的だった。ヨーロッパの「河川再自然化」の道のりは、国によっても州によっても少しずつ異なっているけれども、ヘース氏のこの哲学は共通しているように思える。

再自然化を支え裏づけるものは、生態学の知識、水文学、生態学を大幅に加味した河川技術、環境学などであるが、さらに思想を加えなければならない。今ヨーロッパ河川を舞台に起こっている動きは、河川思想の転換というにとどまらない。河川が河川だけという捉え方ではなくなったのだ。

「氾濫原」という飛び抜けて他より生物多様性の高い場所をキーポイントとして、「氾濫原は自然界の循環全体の結び目」と捉える。川は大きな物質・生物のサイクルにおいて重要な位置を占め、そのサイクルの邪魔をしていた人間活動の要素をできるだけ取り払い、開放された自然のダイナミクスとともに生きていこうという思想である。

もうひとつの思想は、ヨーロッパ人の心のふるさとを積極的に蘇生することの価値であるように思う。「氾濫原の風景の再生」がこれだ。私たちはヨーロッパ絵画の名作のなかに水と森の氾濫原風景をたくさん見出すことができる。ヨーロッパでの美しい風景を守り求める歩みは長く、昨日今日始まったものではない。そんな思想的伝統も感じる。

かつて川と人との関係性はどの地でも文化そのものだったけれど、ヨーロッパでは近代治水によって二〇〇年かけて断ち切ってきた文化をもう一度つくり直そうとしているかのようだ。もっと広くなった「ヨーロッパ」のアイデンティティ再構築運動のようにも映る。生態学という新しい道具を手にし、生態系の自由な表現である川の自然な風景こそが懐かしく美しく人に安らぎを与えるのだと。

学問や思想というのは、このように現実を変えていく力として使うものなのか。人間の尊さを証明するかのように自然を自分たちの領分に組み伏していったヨーロッパ人だからこそ、今度は奪いすぎたものを積極的に自然の領分に返還していく思想へと転換できるのか。

いずれにしても、ヨーロッパ人は川への静かなる〝譲歩〟を始めていることはたしかだ。

2章

日本はなぜダムを造ってきたのか

もともと川の水は誰のものだったか

日本には小さな河川がひしめきあい、無数の流れが毛細血管のようにすみずみまで潤す特異な国土をもっている。そして、一本一本の河川は短く、当然のことながら大陸の河川と比べると平均的勾配は極端に急だといわれる。どこでも近くで手に入るが放っておけばさっさと海に流れ下ってしまう日本の川の水を、誰がどのように使いこなしてきたのだろう。

江戸時代までに主要な河川の水は、流域のムラが単独であるいは共同でめいっぱい使っていて、他の水利用者が後から割って入る余地がなかったという。それればかりか、流域の上と下とで水争いが各地で絶えなかった。それは時の権力者も口をはさめないほどのもので、ときには流血の争いを重ねつつ、かんがい用水配分の秩序をつくりあげていったといわれる。飲み水や生活に使う水は井戸や沢水をほんの少々使うだけで、無視できるほどだった。

川の水を利用する権利を法律のなかで初めて位置づけたのは、一八九六年(明治二九年)の河川法だ。「流水を占用する権利」つまり水利権というものが近代法のなかに組込まれ、国の認可の対象となった。だが、それ以前に慣習として秩序ができていたかんがい用水の利用はそのまま「慣行水利権」という形で認められ、認可の対象からはずれた。近代中央集権国家もこの既得権益に手をつけることはできなかったのだ。

川や山、海などの自然資源を利用する権利は、そこの共同体が共有財産として維持管理する秩序を長い時間をかけて形成してきたが、それは「入会権」とか「入会的権利」として近代国家のなかに生き永らえて今日も現役である。

川の水は誰のものだったかという問いに帰れば、そこに住む人々の共同体のものだったといえる。そのほとんどが水田のためだった。主としてコメが日本人の命を長きにわたってつないできたのだとすれば、コメづくりを支えた川の水は日本人にとって命の水であり、それゆえに近代国家になっても最優先せざるをえなかったのだろう。

「新参者の水」はどう生み出されたか

かつてほぼ全量がかんがい用のものだった水は、現在、私たちの水道用水や工業用水にも大量に使われている。この二つの用途を合わせたものを「都市用水」というのだが、年間約三〇〇億トンの使用量となっている。農業用水の五九〇億トンよりは少ないが、そのほとんどが戦後に新たに取られるようになった量である。

地下水はともかく、河川水でどうやってこんなことができるようになったのだろう。

一八九六年の河川法以降、川の水を使う権利は国の許可のもとに初めて利用できるようになったのだが、「水利権」はどうやって生み出されるのか。河川法には「水利使用」とは「流水の占有又は」「工作物で流水の占用のためのものの新築若しくは改築」（第三五条）とある。

その許可を与える権限は「河川管理者」である国土交通大臣と都道府県知事にあり、ダム、堰、水門、堤防、護岸、床止めなどの「河川管理施設」を設置し、操作することができる。つまり、川に新たに水利権を創り出すことはダムなどの土木工事による人工的な施設を新しく造ることだと定義されたのである。何も工作物がなければムダに流れていってしまう雨を貯めるなどして資源として利用できるから、というのが根拠となる考え方だ。

このような事情から、戦後になって造られたダム数はウナギのぼりにふえた。歴代から一九四五年までに造られたダム数一二〇〇に対し、一九九四年度末には二五五六となり、一九九四年度以降完成予定のダムを加えると三一四三となる。有効貯水量に至っては、約八億七〇〇〇万トンから二四二億一三〇〇万トンへと三〇倍にもなった（『水資源の枯渇と配分』農山漁村文化協会）。

歴史に「もし」があるとしたらの話だが、最初の河川法から慣行水利権が許可水利権にさせられていたと仮定したら、これほど新しくダムを造らなくてよかったのかもしれない。しかし、共同体が血と汗を流して手に入れてきた入会的な権利を無理やり取り上げることは、財産権を保障する近代国家だからこそできなかったし、仮にそうしていたら、水田はずっと減ってしまっていたのかもしれない。

はじめ「治水目的」などなかった

日本のコンクリートダムの誕生は一九〇〇年（明治三三年）と、意外にも早い。第一号となった神戸市の今も現役の布引ダム（堤高三三メートル）は水道用で、ダムの目的に治水などはなかった。むしろ初期のころのは電力開発が主な目的だ。すでに一八八九年（明治二二年）に琵琶湖疎水に完成し、一九〇三年には、信じがたいことだが尾瀬にダム計画が発表された。一九二〇年代になるとダム技術が進歩して五〇～八〇メートル級の本格的な発電ダムが各地に造られていったが、あくまでも電力供給というひとつのはっきりした目的をもつものだった。

コンクリートダムのもつ意味づけが変質したのは、一九三九（昭和一四）年。日中戦争を始めた二年後、太平洋戦争に突入する二年前である。この年、「河水統制事業」というものが始まる。これは、洪水調節、発電、農業用水といったいくつもの目的をひとつのダムや水門でいっぺんに実現しようとするもので、一九三三年にアメリカで大々的にぶち上げられたテネシー川流域開発公社（ＴＶＡ）による多目的ダム建設の目的と手法を、日本に導入しようという目論みだった。

テネシー川開発は、よく知られるように、世界大恐慌後の経済再建策としてルーズベルト大統領が採用したニューディール政策の切り札とされた巨大国家プロジェクトの元祖である。水系全体を開発の対象と捉え、一六のダム建設によって洪水防止と安い電力を供給してアルミ精錬、ウラン濃縮、製鋼といった産業を呼び込んだり鉱山開発を行い、さらに流域の農業を振興させ貧困地の所得向上を図り、流域全体の地域開発をめざす気宇壮大なプロジェクトだ。

これを真似た河水統制事業が意味したものは、日本の河川もさまざまな目的のために水系全体が「開発される」対象になったということだ。たんに水を貯める必要があるからとか、電力が要るからといった単純なことでなく、地域振興の〝しかけ〟とする考え方が生まれた。コンクリート巨大ダムは、その核になる事業として再浮上したのだった。

ダムの「戦時体制」と自然保護の闘争

日本版ニューディールは結局、第二次世界大戦のために頓挫した。しかし、日本でのダム建設の主な目的は長い間電力開発であり続けた。戦前、日中戦争が勃発すると電力需要が急増したため電力を国家で管理する「電力国家管理法」ができ、日本発送電という特殊法人が創設され、一九四一年ついに太平洋戦争に突入すると、九つの配電会社に整理されて電力の国家管理体制ができあがった。

電力開発を目的とするダム建設と電力管理は、このようにして「戦時体制」として完成したものだ。もう明らかなように、それが敗戦後もほんの短期間中断しただけで、今度は「国土復興」をテーマにすぐさま息を吹き返したのである。

たとえば、幸いにして実現ならなかった尾瀬を沈めて水力発電ダムを造ろうとする計画は一九四七年にはもう復活し、商工省（のちの通産省、現在の経済産業省）はまったく独断で工事再開の命令を特殊法人に発した。

これが、日本の自然保護運動を誕生させるきっかけとなった。当時の知識人たちは総力を挙げて反対に立ち上がり「尾瀬保存期成同盟」（のちの日本自然保護協会）を組織して闘い、最終的に尾瀬ヶ原をダムから守り抜くことができた。

しかし水力発電ダムを造る勢いは、朝鮮戦争特需でますます強まる。一九五二年には「電源開発促進法」が制定され、「すみやかに電源の開発及び送電変電施設の整備を行うことにより、電気の供給を増加し、もってわが国産業の振興及び発展に寄与する」目的で、ダムを優先的に造る最初の制度ができた。〝ダムをつくる仕組み〟は戦時体制を継承したまま戦後に生き残り、その後、目的が変わりながらも体制は強化されていく。

当時、尾瀬を舞台に産声をあげたばかりの日本自然保護協会が国際自然保護連合（IUPN＝IUCNの前身）に提出した「日本における自然保護と水力発電」と題する報告書には次のようにあった。

「水力発電事業はわが国の自然景観に重大な悪影響を及ぼしてきたが、特に終戦後わが国の経済再建のため必要なエネルギー資源として水力発電に重点がおかれ、一部において自然保護と水力開発の競合は緊迫を加えてきている。（略）因にわが国でも国土総合開発やT・V・A方式の発電計画などが提唱されているが、自然保存や風景保護のことは少しも考慮されていない傾向にある」

とくに問題とされたのが尾瀬ヶ原、熊野川、層雲峡、黒部渓谷の四カ所。いずれも他に代えがたい景観と生態系をもった国立公園である。日本の自然保護運動を生み育てたのは、皮肉なことにダム計画の群れだったのだ。

〝ダムだけをつくる仕組み〟が生き残った

川の水を「資源」だとして法律に位置づけていったのは、戦時体制の流れを汲んで次々と制定されていったいくつもの法律だった。その最初のものが、あの「ぜんそう（全国総合開発計画）」を生んだ「国土総合開発法」（一九五〇年）で、水は土地や他の天然資源とともにリストアップされ「資源」として正式に開発の対象となった。

日本の開発計画のいちばん上に置かれたこの法律には、ＴＶＡをめざした戦前の河水統制事業の復刻版のような地域開発計画が含まれていた。電力・石炭などの開発と治山治水事業によって指定流域を振興させるもので、最後は国土の三分の一もの面積がこれの対象地域に指定されたというのだから、日本そのものがニューディールになったようなものだった。東京を中心とした太平洋沿岸地域に産業・人口を集中させる政策も、これに拍車をかけた。

しかし、日本版ＴＶＡは中途半端に終わる。朝鮮戦争が始まったため電力だけが優先され、ダム開発はもっぱら水力発電のためのものとなり、総合的な地域開発の目論みなどどこかに吹っ飛んでしまった。

そのうえ水力発電の時代もそう長く続かなかった。火力に王座を明け渡すと、ダムは古い皮袋に新しい酒を注ぎ始め、工業用水の開発へと移っていく。ダムによる「水資源開発」時代の到来である。「特定多目的ダム法」（一九五七年）がこうしてできる。

建設大臣が計画をつくり決定権を握った多目的ダムは、造るのにとても便利になった。発電、工業用水、水道用水、農業用水、治水などいく種類もの酒をひとつのイレモノの中に放り込めるようになったからだ。それぞれの負担もラクになり、何より大きいモノが造れる。建設省直轄ダム時代が幕を開けた。

ちょうどこのころから、ダムや道路、港などのインフラ整備は、「公共事業長期計画」に乗せられていった。多目的ダムもそのうちの一本、「治山事業一〇カ年計画（のちに五カ年計画）」に組み入れられた。

水が「資源」とされてからたった七年ほどで、〝ダムをつくる仕組み〟は一挙に進化した。仕上げが「水資源開発法」（一九六一年）だった。首都圏など人口と産業が集中する大都市圏に水道用水と工業用水を送り込むためのダムや堰、導水といったコンクリート利水施設計画のパッケージがこれからつくられていった。日本の水資源開発は、とにかくダムだけで行う体制に収斂していったのだ。

飽き飽きするような法律の名前を並べてしまったけれども、問題は〝ダムだけをつくる〟重大な仕組みがわずか一〇年くらいの間に相ついで、しかもその場しのぎの目的でつくられ、すべて内閣だけに決定権が委ねられてしまったということだ。国会など口をはさむ余地もない。国の補助金で造る都道府県のダムも同じ構造のもとにあるので、大から小までダムだけがどんどん計画され造られていったのである。

以上は昔話ではない。二一世紀に入った今日も、戦時体制を引きずり戦後に完成した〝ダムだけをつくる仕組み〟が生き残り、この仕組みに頼る政官財の面々がコンクリートダム造りになりふりかまわずしがみつく。気がつけば、マスコミも私たち国民のアタマの中もすっかりコンクリートダム化されている。

「ダムを中止するなら代替案を」と言うが、もとをたどれば逆である。〝ダムだけをつくる仕組み〟を堅持するために、他の方法すべてを殺いできたのではないか。さまざまな案のうちで最後の最後の選択肢であるべきダムが、「はじめにダムありき」とばかりに筆頭のしかも唯一のオプションであり続けるほうがおかしい。私たちのアタマの中のコンクリートダム撤去から始めなくてはなるまい。

補助金が〝ダムだけ〟を選ばせる

「国からの手厚い金銭的補助が保証されているから、との安易な理由でダム建設を選択すべきではない」

田中知事の「脱ダム宣言」にはこのような一節がある。地方分権推進委員会も、制限・縮減・廃止を勧告しつつも解体できなかった補助金制度に大きな問題があることは、今や衆目の一致するところだ。

県営の多目的ダムに関しては田中知事が指摘するように、国庫補助金が五〇%、後で返ってくる交付税も含めると約八割を国が負担してくれる。だから安易に造りたくなってしまうというのは当たっている。それに対して、ダムを造る以上に治水にとって重要なはずの浚渫には国から一円も来ないと。たしかにヘンだ。

水道事業についても同じことがいえる。新しく水源を開発する場合、ダム建設に参加するならばダム建設費負担分の三分の一から二分の一が「水道水源開発施設整備費」補助として国から出てくる。ところが、新たに井戸を掘って地下水源を開発しようとしても補助金はまったくない。

しかしいくら補助金の率が高いからといって、市町村の一水道がダム開発に参加して多目的ダムの利水分を負担するなど高くつきすぎてかなわない。そこで考え出されたのが広域水道という制度だ。

とても単純化していうと、いくつかの自治体が集まって共同でダム利水事業に参加して水源開発を行い、その水を各自治体水道で配分して使うという事業。この場合、水源開発費の補助金の他に、ダム水を取って引いてくるための浄水場や配管の建設費用についても同率の補助が国から入る。

かくして一九八〇年代ごろ、もう少し水があったらと考えた多くの市町村が広域水道事業に飛び付いて、新しいダム水を水道水に混ぜるようになった。補助金枠に合うように人口予測や水需要計画を立て、とんでもないぶかぶかの服に身を合わせようと無理をした。なかには良質で豊富な地下水を最終的に全部放棄して切り換える山形県鶴岡市のような大胆な水道もある。その結果は、契約したダム水が使い切れなかったり、水道料金の度重なる値上げだ。使用量の伸び悩みと借金返済とで赤字構造に陥って後悔する水道をたくさん生み出した。

ダムによる水源開発に極端に偏った補助金の仕組みがなければ、ダムに参加する市町村水道などほんのわずかだったろう。もっと水源を大切にし住民も節水に励んだことだろう。「飲むには大きすぎる」とは、『沈黙の川』に書かれたアメリカのダムによる水道問題だが、これはそっくりそのまま日本でもあてはまる。

3章

コンクリートダム・デメリット

かくして〝土砂貯め〟になった

脱ダム宣言のなかに「何れ造り替えねばならず、その間に夥しい分量の堆砂を、此又数十億円を用いて処理する事態も生じる」という一節もある。ダムが最終的に厄介者に変わってしまう最大の原因が堆砂問題である。

ダム堆砂問題は大小にかかわらず世界中のダムに共通した解決策ナシの悩みだが、川は本来、水だけでなく土砂や他の物質も運んで谷や平地や海岸を形づくるものなのだから当然のなりゆきではある。

とくに日本のダムでは堆砂が深刻だ。なぜなら日本の河川の特徴から、集中豪雨的に降る雨、浸食されやすい土質、急傾斜の多い地形のために、もともと大量の土砂を一気に山から海に押し流す。そこへもってきて、戦後は上流にそれこそ「数多のダム」を造ったために、ダムは下流に移動すべき土砂をすっかり呑み込んでしまった。

黒部川は世界でも最大級の浸食されやすい河川だそうで、中部山岳地帯にダムを造ると〝土砂貯め〟ダムのようになる。が、初期の電力ダムの多くがこの地帯に造られたため、大井川水系や天竜川水系のダムの大半が半世紀もたたないのに早くも土砂に埋まりつつあり、河原はもはや砂利採取場と化している。

長野県高遠町と長谷村にまたがる天竜川上流の三峰川《みぶがわ》を塞き止めた美和ダムを見たことがあるだろうか。総貯水量のほぼ半分が土砂に埋まり、見るからに土砂貯め湖の無残な姿を晒している。

旧建設省が一〇〇年間に貯まると予測していた堆砂量ちかくまで、たった二年しかかからなかった。このままではダムの用をなさなくなるということで、国土交通省はこのダムを「リフレッシュしよう」という事業に着手した。これは、洪水時にダム入り口あたりでいったん塞き止め、濁水を迂回させてダム堤防の下に排出するというもので、ダム横腹の山に直径七・五メートル、長さ四・三キロメートルの「洪水バイパストンネル」をくり貫いている。事業費は約三〇〇億円と見積もられる。下諏訪ダム一基分に相当する。

この「美和ダム再開発事業」では、美和ダムに入り込む土砂の一部を減らせるかもしれないが、この下には天竜川河口までいくつものダムが控えているから、下のダムに引っかかっていくことになる。上流ダムからだんだん下流へと土砂を落としていこうという壮大な構想の始まりなのか？

堆砂の問題は巡り巡って海岸浸食に行き着く。大井川河口では二五〇メートル、信濃川河口ではこの一〇〇年間で四〇〇メートルも海岸が後退してしまったという。一世紀にわたる大実験からいえることは、「海岸を痩せさせ陸地を減らしたかったらダムを造れ」である。

それにダムができていずれ儲かるのは、砂利採取業者とトラック運送業者とテトラポッド（消波ブロック）業者くらいだろうか。実際、テトラポッドを製造している森林組合があり、製品は浸食された海岸を埋め尽くしている。〝新しい循環〟だなんて、冗談にもならない。

図５－１

図５　まったくの“土砂貯め”となってしまった天竜川水系、三峰川に造られた美和ダム（５－１）。浚渫を続けているが堆砂スピードに追いつかないため（５－２）、新たに「ダムリフレッシュ事業」が行われている。洪水時に水がダム湖に入る前に分派堰で止め山中のトンネルに迂回させ堤下に落とす（５－３）、というものだ。

図5－2

図5－3

上流と海にはデメリットばかり

ダム堆砂問題は治水上の危険ももたらしている。天竜川の氾濫原、長野県飯田市の川路地区の例を紹介しよう。

天竜ライン下りで名高い天竜峡の手前にひろびろと開ける平地と河岸段丘が川路地区である。ここは昔から暴れ天竜が氾濫を繰り返す洪水常襲地帯で、『川路村水防史』は三〇〇年以上にわたる洪水との闘いの記録である。

天竜峡の下に発電用の泰阜《やすおか》ダムが完成したのは、一九三五年（昭和一〇年）。ここで生まれ育ち、ダム完成の前後を知る老人たちは「泰阜ダムができてから、それまで一〇〇年に一度くらいの割合だった大洪水が一〇年に一度くらいの割りで起こるようになった。できて数年でダムの上流部に土砂が貯まってしまい、その上にある川路地区で氾濫が以前よりずっと起こりやすくなったのだ」と話した。

土砂は川がダムに入って急に流速が落ちるバックウォーターと呼ばれる入り口付近から貯まっていく。ここで洪水がつかえてこれより上流ではむしろ水害が起こりやすくなるのだ。

築地書館ニュース

環境問題
生態学の本

TSUKIJI-SHOKAN News Letter : New Publications & Topics 2001.4

〒104-0045　東京都中央区築地7-4-4-201　TEL 03-3542-3731　FAX 03-3541-5799
◉ホームページ=http://www.tsukiji-shokan.co.jp/
◉総合図書目録、進呈いたします。
◉ご注文は、最寄りの書店または直接上記宛先まで。（発送料400円）

◉「脱ダム」論争

長野の「脱ダム」、なぜ？

保屋野初子［著］　◉新刊　1,000円

ほんとうにダムは必要なのか？……ダム建設による問題点をコンパクトに整理。21世紀型ともいえる、自然の性質と機能を尊重する新たな河川行政を考えるための必読書。

砂漠のキャデラック　アメリカの水資源開発

マーク・ライスナー［著］　片岡夏実［訳］　6,000円

アメリカの公共事業の100年におよぶ構造的問題を描き、その政策を大転換させた大ベストセラー。『沈黙の春』以来、もっとも影響力のある環境問題の本と絶讃された書。

沈黙の川　ダムと人権・環境問題

マッカリー［著］　鷲見一夫［訳］　4,800円

ダム開発から集水域管理の時代へ。世界の河川開発の歴史と

◉水問題について

よみがえれ生命の水

地下水をめぐる住民運動25年の記録

福井県大野の水を考える会［編著］　1,900円

◉山科鳥研News評＝水問題のみならず、公共事業と自然環境問題を考える上で、多くの議論を巻き起こすに違いない。

水道がつぶれかかっている

保屋野初子［著］　1,500円

ダム建設と水道料金値上げの関係をはじめ、自治体を財政破綻に追い込む水道破綻問題全体像を明らかにする。

◉守りたい美しい日本の自然

「百姓仕事」が自然をつくる

2400年めの赤トンボ

◉*自然の楽しさにふれる本*

子どもとの自然観察スーパーガイド

日高哲二[著]　◉新刊　2,000円

自然の面白さを子どもたちに伝えたい。大人にも自然の不思議さに感動する心を持ってほしい。三宅島でレンジャーとして活躍してきた著者が自然を楽しむ方法を教えます。

ヤマネって知ってる？

ヤマネおもしろ観察記

湊秋作[著]　1,500円

はるか昔から日本の森にすむ、日本特産の天然記念物ヤマネの謎に満ちた生活を紹介。かわいいヤマネの写真満載。

野鳥の生活 [I]

羽田健三[監修]　◉新装版　1,600円

わかりやすい野鳥の生態観察記録集。旧版にカラー写真を追加しました。　『続・野鳥の生活』 1,200円　◉在庫僅少

◉*環境の価値を測る*

新・環境はいくらか

ディクソンほか[著]　環境経済評価研究会[訳]　2,900円

世界銀行環境部のスタッフを中心に全面改訂。環境を経済評価する様々な手法を紹介。環境の経済評価の国際水準を示す書。

公共事業と環境の価値 CVMガイドブック

栗山浩一[著]　◉3刷　2,300円

◉*活動派のための本*

開発フィールドワーカー

野田直人[著]　◉新刊　1,800円

大学生からODA専門官、世銀エコノミスト、NGOスタッフまで、幅広く参加しているメーリングリストの主宰者が、豊富な経験をもとに書き下ろしたスーパーガイド。

モンキーレンチギャング

エドワード・アビー[著]　片岡夏実[訳]　◉新刊　2,400円

全米70万部のネイチャー・ハードボイルド小説の名作。「西部のソロー」と讃えられた著者の人気は、WTO総会でも、多くの参加者が本書を手にしていたことで証明された。

◉*生活環境を考える*

新版 ぼくが肉を食べないわけ

コックス[著]　浦和かおる[訳]　2,200円

世界の飢餓問題、地球環境の破壊、狂牛病など最新の医学的データ……ぼくが肉を食べないわけを明らかにする。

こんな公園がほしい

住民がつくる公共空間

小野佐和子[著]　◉3刷　2,000円

行政と力を合わせればここまでできる。住民が理想とする公共空間を実現するための方途を実践例を通して示す。

屋上緑化 緑の建築が都市を救う

図6　上流に多くのダムができたために、本来運ばれるべき土砂が到達しなくなり浸食されていく大井川の河口。ダム堆砂でできたテトラポッドで防ごうとしているなどまったくの本末転倒だ。

国の多目的ダム計画に三〇年も抵抗してついに造らせなかった村として名をあげた徳島県木頭村も、ダムに反対した最大の理由のひとつがダム堆砂問題だった。村から下にすでに三つもダムができており、堆砂問題はもう学習ずみだったから、村の上流に細川内《ほそごうち》ダムができれば山からの土砂で川とダムがどんどん埋まり、村の一部が大水害の危険にさらされる。山間の川筋に暮らす村人たちに逃げ場はないのだ。

一方、海にとってコンクリートダムは迷惑なばかりである。海岸浸食もさることながら、ダム放流で出る濁り水が漁に打撃を与えている。川の浄化力を殺いだうえにさらに汚してしまう。有明海で大騒ぎになっているのはまさにこの問題だ。球磨川下りと尺アユで有名な熊本県・球磨川水系に計画されている川辺川ダムに対しても、球磨川漁協だけでなく不知火《しらぬい》海沿岸の三七漁協すべてが反対にまわった。

かといって排砂をしようとすれば、諫早干潟の排水門開放問題や黒部川の出平《だしだいら》ダム排砂による富山湾で起きているような漁業被害が避けられない。何とかしなくてはいけないのだが、ヘドロとなったダム排砂がいかに厄介かを教えている。日本は沿岸中に漁業の営みがあり、漁民が生計を立て、国民もそこからの恵みを食べており、ヘドロ排砂は沿岸漁業や川の漁を壊滅させてしまう恐れがある。

日本のような山と川と海の生態的なつながりに強く依存してきた文化・経済をもつ社会で、それを断ち切る所作は自分たちの存在基盤をぶち壊すことだったのではないか。有明海のノリ問題は私たちに、ショックとともに取り返しがつかないことをしてしまった、という苦い思いを抱かせる。

ダムが〝凶器〟に変わるとき

一般的にダムの「治水」目的とは、雨水を貯め込み、それより下流で水があふれないようしばらく貯めておく、と考えられている。しかしダムの役目について、河川工学者の大熊孝氏はこんなふうに述べる。

「ダムは洪水を貯留・調節するもので、『できるだけ速く海に突き出す』思想と異なるものと思われがちであるが、日本の場合、ダムの洪水調節容量が洪水規模に対して小さいため、洪水調節が終わり次第、次の洪水に備えて、できるだけ早く水位を下げなければならない。それゆえ、ダムも『できるだけ速く海に突き出す』思想の範疇に入る」と。

このような性質をもつ日本のダムの意味するものは何だろう。洪水調節容量いっぱいになった時点で、できるだけ早く水位を下げるため放流し始めるということである。そうしなければダムからあふれ、決壊する恐れがある。このとき下流域ではもうめいっぱいの流量が川に満ちているから、さらにダムからの放流水が押し寄せれば、堤防からあふれる↓決壊する↓一気に洪水が人の領分を襲う。いわゆる「ダム水害」となる危険性がある。

ダム水害は現実に各地で起こった形跡がある。球磨川中流域にある熊本県人吉市を襲っ

図7　球磨川で1965年に起こった「7・3水害」で浸水した人吉市街には、最高水位を印す電柱が立つ。「満水になった市房ダムの放流が原因」と証言する水害体験者は多く、「ダム水害」であった可能性が高い。

た一九六五年七月三日未明の「七・三水害」は、上流に完成していた市房《いちふさ》ダムの放流が原因だったと多くの水害体験者が証言している。それまでの洪水とあまりに様相が違っていたからだ。

人々の体験を聞くと、ダム以前の洪水というのは水位がゆっくり上がってきてゆっくりと引いていったので、モノを片づけたり避難する余裕がたっぷりあった。ところが、七・三水害ではまたたく間に二〜三メートル水位が上がり、命からがら逃げたり、家ごと流されて死者も出た。ダム完成を境にそれまでの恒例行事化していた〝洪水〟は〝水害〟へと変質してしまったのである。

一般論としてだが、ダムの水害危険性に

ついて九州大学名誉教授の平野宗夫氏は、公式の文書（「公共事業の個別事業内容・実施状況等に関する予備的調査〈平成一一年衆予調第三号〉報告書」）のなかで次のように認めた。

「決壊防止の目的で放流が行われるのは異常な洪水時であり、下流域ではすでに水害が発生していることが多い。その際、わずかの過放流でもそれに応じてダムがない場合より被害が増加する可能性はある」

ダムが〝凶器〟に変わる可能性を、ダムを支えてきた学者も認めざるをえなくなったのである。ダム水害は一九七〇年代に多発し、全国各地で水害訴訟が起こされた実績がある。しかし、一九八四年の最高裁判決により大東水害訴訟原告側が敗れて以来、水害被害者が勝つ見込みがなくなってしまった。ダムの危険に対する補償は今のところ何もないと心得ておくべきである。

〝地元の水〟は取り尽くされた

その昔、といっても昭和の初めころまで、千曲川を上田あたりまでサケがさかのぼった

図8　地元の人々が「石河原」と呼ぶ信濃川中流域では、いくつもの水力発電ダムで60数キロメートルにわたり水がほとんどない。宮中ダムでJR東日本によってほぼ取り尽くされた水は、東京の山手線を動かす電力を創り出している。

ことをご存じだろうか。近くで生まれ育ったのに私は最近までそのことを知らなかった。新潟県に入って信濃川となる中流域にいくつものダムができる以前、サケ、アユ、マスなどが千曲川、犀川でも見られたという。

同じころ新潟県の中流域沿川では、遡上するサケ・マス類は数万から一〇万匹にものぼり、十日町市や中里村には川漁を専業とする漁師が集落に一戸はあり、収入もけっこうなものだったことが記録に残っている。日本一長く、流出量も最大の信濃川の恵みだった。

ところが今、このあたりの信濃川にほとんど水が流れていない。一九三二年

（昭和七年）に造られた旧国鉄（現在はＪＲ東日本）・信濃川水力発電所用の宮中《みやなか》ダムと、飯山市に一九四一年（昭和一六年）に完成した東京電力の西大滝ダムによって、県境から小千谷《おぢや》までの六〇キロメートル余りの区間で流水がほぼ取り尽くされているからだ。地元の人々はその区間を「水なし川」とか「石河原」と呼ぶ。

日本の水力発電は、少ない水で最大限の効率を引き出そうと最も落差のとれるところまで水を引いていってタービンに落とす「水路式発電」と呼ばれる方式がほとんどなので、発電所と発電所の間の河川水は専用のトンネル内を流される。この間、水は電力会社の独占物となる。

本来、信濃川中流には毎秒にして二五〇トンという水がとうとうと流れているはずだが、「水なし区間」ではＪＲ東日本がなんと三一七トン余りを取る権利をもち、川に残さなければならないのはたった七トンにすぎない。三一七トン対七トン！　あまりに理不尽な〝取り尽くし状態〟に地元はもう七〇年もがまんしてきた。しかも、ここで起こされる電力のほとんどが巨大な送電線ネットワークで東京へ送られ、山手線などを動かし、首都圏の経済活動を支える役目を負っている。

ダムが地元経済を興すのは、工事の期間だけというのが現実だろう。一極集中、大都市集中の社会をつくりあげてしまったこの国では、ダムも〝中央〟のために奉仕する構造になっていることを見落としてはならない。

山河と経済を滅ぼすコンクリートダム

アメリカがダム開発をやめる決心をした最大の理由が財政問題にあったことは、前に紹介したとおりである。それはたんに、政府のカネが足りなくなったということではない。大規模ダムを造る経済・社会・環境のバランスシートをつくったらマイナスと出る、と結論づけたためだ。ダム建設のメリットとされる、発電、かんがい、洪水調節、観光などと、デメリットとされる広大な農地や森林の水没、多数の住民の立ち退き、さらに漁業、景観、レクリエーションの価値とを比較できる視野をもちえた結果でもある。メリットも時間とともにデメリットに転化していくことも考慮された。

日本ではどうか。現在、日本政府の抱える公的借金残高「六六六兆円」という途方もない数字を相当数の国民がそらで覚えてしまった。想像を絶するこの数字がどうやってできたかといえば、毎年毎年、税収以上の予算を組み不足分を国債という借り入れで埋め合わせてきた結果であり、今もって途上なのである。国家予算約八三兆円に対して国債が約二八兆円。うち公共事業費は九兆四〇〇〇億円だが、財政投融資など隠れ財源を含めると、年間四五兆円とも五〇兆円にのぼるともいわれ、税収分がそっくり公共事業にまわっていると言っていいほどだ。

公共事業計画のパッケージは、一九五〇年代からスタートした一六種類の公共事業中長期計画だが、ダム事業はこのうちの「治山治水事業五カ年計画」のなかに組み込まれている。その事業規模がどれほど膨張してきたのか――。一九六一年の「一〇カ年計画」で八五〇〇億円だったものが、一九九二年からの五カ年計画ではなんと一七兆五〇〇〇億円だ！　年間一兆五〇〇〇億円を費す。これでは国の財政がイカレルのもむべなるかな、である。

では長野県の場合は？　一九九九年度の借金残高は一兆六五〇〇億円、予算規模の一・五倍にも相当する。借金の負担度から全国ワースト二〜三位との不名誉な格付けがされている。なぜこれほど県財政が悪化してしまったのかというと、やはり長野オリンピック開催に合わせた道路・新幹線・競技場などの土木事業に一兆五〇〇〇億円もの公共投資をした「勘定書き」がまわってきているせいだ。

田中知事が見直しをいち早く決めた浅川ダムなどは、とにかくオリンピック道路を造る補助金を引き出すために四〇〇億円のダム計画がつくられたという説もあるほどだ。

野山を削ってコンクリートで何かを造れば、それが即自然破壊であり、災害を招き寄せる行為であることは古来日本の国土的宿命から真理であるし、二一世紀に誰も否定できない常識中の常識である。

もはや財政が実質的に破綻し自由度などほとんどなくなっている長野県で、ダムであれ道路であれ新たな開発事業にまだまだ予算を付け続けることが何を意味するのか。山河もフトコロも泣いているときに、「事業の継続性」を理由に予算ばかり要求する議会って何なのだ？――多くの県民が「脱ダム県議会ショー」を見ながら事の本質をレッスンしつつある。

4章

〈堤防＋ダム〉治水の〝決壊〟

氾濫を前提の治水方針を宣言

「『河川はんらん』前提　治水、ダム・堤防頼りから転換」

二〇世紀最後の年も押し迫った二〇〇〇年一二月一八日、朝日新聞一面にこんな見出しが立った。建設大臣の諮問機関である河川審議会が「川の氾濫を前提にした流域管理」を提言したのだった。答申はこう書き始められている。

「我が国の治水対策は、築堤や河道拡幅等の河川改修を進めることにより、流域に降った雨水を川に集めて、海まで早く安全に流すことを基本として行われてきた。

図9　かつて遊水池として機能していた球磨川流域の水田地帯。霞堤跡も残る。藩政時代の相良藩は遊水池となる田を「免租田」にしていたといい、「氾濫を前提」にした治水がなされていた。

しかし、都市化の進展に伴う流出量の増大、氾濫の危険性の高い低平地などへの人家の集積、市街地での河道拡幅の難しさの増大、さらには近年頻発する集中豪雨による極めて大規模な洪水氾濫の危険性の拡大、それに伴って地域によっては連続堤方式では生活基盤が堤防敷地として失われてしまうような問題の発生など、通常の河川改修による対応に限界を生ずるようになっている」

これを見て、建設省もやはり人の子、〝晩節〟は汚したくなかったのだな、などとつい思ってしまった。国土交通省になる直前の駆け込み方向転換だったからだ。

日本の近代治水は、一八九六年（明治二九年）の河川法制定以来、答申冒頭のような考え方で一〇〇年間にわたって河川にさまざまな近代技術と莫大な税金を投入してきた。江戸時代三〇〇年間に培った日本の川に合った治水・利水の独自の技術から、西欧の技術を大胆に吸収して川の治め方を転換したのだ。

オランダからドールン、デレーケといった技術者を雇ったり、秀才を欧米に留学させたりして、まったく違う特徴をもつ日本の河川で「洪水を押さえ込む」道をめざしたのである。大河川に連続した高い堤防を築き、川を直線化し、川幅を広げ、河床を浚渫し、巨大な洪水流量を川の内に閉じ込めていち早く海に流し出す方法で。

しかし結局、水害を押さえ込むことはできていない。むしろ最近は「都市型水害」と呼ばれる新種が現れ被害人数や額が増大している。そんななか二〇〇〇年九月、名古屋市とその近郊で堤防が切れたり、堤防の内側（街側）の内水が掃けずに広範囲に街が浸水する都市型大水害が起きた。被害額は八〇〇〇億円を超えるといわれる。旧建設省には少なからずショックだったろう。

「だからもっとダムを」と言い出すのかと思った向きもあったが、とてもそんなレベルで防げないことは明らかとなっている。どこかを押さえても別のところから噴き出す。近代治水の〝決壊〟である。旧建設省自身が、この現実の前に白旗を掲げ別の道を探らなくてはならなくなったのである。

川の領分に侵入しすぎた仕返し？

都市型水害と呼ばれるものがふえてきたのは一九八〇年代ごろからだろうか。上中流域でかつては洪水を受け止めて時間稼ぎし地下に浸透させるなどして下流域への洪水を小さくしていた水田や湿地、ため池、林などが、宅地や工場、道路、商業施設などへと潰されていったため、洪水はより速くより高く下流の都市部に到達するようになった。最上流部のコンクリートダムに頼り、上中流で洪水を留めおいたさまざまな〝ダム〟を取り払ってしまった結果、人口と資産が集中する下流部が最後で最大のダムとなってしまったのだ。

この皮肉な結果は、「高い連続堤」のせいでもある。かつてはけっして建てなかった川沿いぎりぎりにまで住宅などが密集するようになっている。だから想定した洪水の規模を超えると、堤防から水があふれ、ひとたび決壊するととんでもない被害が発生する。そのうえ、都市のなかの水はすべて下水道に集まる構造にしてしまったために、大量の雨が降れば下水道がすぐにいっぱいになってあふれ、そこへ氾濫した洪水が到達した日には、ただただ街が水に浸かるのをなすすべもなく見守るしかない。名古屋での水害はまさにこれだった。

河川工学者の大熊孝氏はこれまでの治水を「河道主義の治水」と呼んで、その問題点を次のように整理している。

①計画を超える洪水が来て堤防が壊れ氾濫したら大被害が発生する
②流域の開発に対する配慮・対策がなく、そのために流出率が増大するので、しょっちゅう計画を変更しなくてはならない
③大規模な計画のため完成に何十年もかかり、ダムなどの用地買収との関連で地域住民の生活を乱す
④数十年も計画が完成しないため、その間の通常洪水に対する対策が後回しとなり、実質的に被害をふやす
⑤大規模なダムや河道がつくられると、自然の物質循環や生態環境が遮断され、地域文化が破壊される

近代治水は、けっして堤防から水をあふれさせないという固い決意と自信をもって敢行

されてきたために、あふれないはずの川ぎりぎりまで人と財産がびっしり張りつき、約束に違えていったんあふれ出したら打つ手がない。日本の社会が一〇〇年かけて大実験を行ってきた解答である。河川審議会の今回の提言が、川の敷地から外に出て「土地利用のあり方」にほとんどを割いているのは、治水の原則に戻ったことを示しているのだ。

なぜ進まない国土交通省の「総合治水対策」

「河道主義の治水」の限界を河川審議会が認めたのは、じつは今回が初めてではない。一九七七年にはもう「総合治水対策」というものを打ち出し、旧建設省はこれを採用してきたはずだった。これは、洪水を川の内側に無理やり押さえ込むのでなく、水害が出ることを前提にいかに水害を小さくするか、さまざまな対策を組み合わせた治水への転換を意味するものだった。

画期的なことに、このとき近代治水に切り換え後初めて「流域管理」という考え方を打ち出した。その中身は、土地利用や住民の避難体制といった施設によらないソフトな対策が中心だった。具体的な対策としては以下のようなものが挙げられた。

①河川流域の保水・遊水機能を確保するための策
②洪水氾濫予想区域および土砂流危険区域を設定し公開する
③治水施設の整備は、必要に応じて緊急整備目標を設定する
④水害に安全な土地利用の仕方や建築の仕方を採用する
⑤洪水時の情報を住民にすみやかに伝える体制を強化する
⑥土石流危険区域での警戒避難体制を図る
⑦水防体制の強化を図る

なあんだ、今回河川審議会が提言していることはもう二〇年以上も前に言っていたことじゃないか？　基本はそのとおりだ。「水害保険など被害者救済を図るための制度の研究」もちゃんと宿題に出している。ただしこのときは、首都圏や愛知などの一四の中小河川しか対象にしていない。今回は「すべての河川流域」が対象だ。

しかしちょっと待てよ。旧建設省はそのような「流域管理」が必要なことを知っていながら、ダム計画のある流域では「ダムだけしかない」ような言いっぷりではなかったか。二〇年以上も前からこんなソフトな「総合治水対策」がスタートしていたことを、はたしてどれだけの流域住民が知っているだろう。ソフトソリューションには情報公開こそが必

要であるのに、自分の住む場所がどれほどの水害危険性があり、流域全体の治水策のなかでどんな位置づけになっているのか、誰が考えたり承知しているのだろう。この二〇年間で土地利用は変わったのだろうか……。

旧建設省はなぜか「総合治水対策」にそんなに熱心でなかったように思える。もちろん、土地利用の変更などそうそう手を着けられる相手ではないが、情報公開や避難体制づくりなどはもっと真剣に取り組まれてもよかった。着手したのは、その後に出てきた利根川など大河川でのスーパー堤防工事だ。

旧建設省がとうに「流域管理」を考えていたなんて知ったら怒りだす人たちさえいるだろう。熊本県の川辺川ダムで、岐阜県の徳山ダムで、栃木県の思川開発で、吉野川河口堰で……。それら巨大ダム事業が「流域管理」も「情報公開」もへったくれもなく唯一絶対のダム建設とばかり、なりふり構わず突き進む国の姿から、「総合治水対策」など絵に描いたモチにしか見えなくても仕方ないだろう。治水政策の失われた二〇年だったのか？

なぜだろう？　政治か、カネか、メンツなのか……。私は、ダムで地域振興するというニューディールの化石的思想が日本の中央集権的な〝ダムだけをつくる仕組み〟に固定され、政治もカネもメンツもそこでとぐろを巻いてしまったからではないかと考える。なにしろ数千億円ものカネと流域にかかる広い選挙区での票が動かせる。権限も政治も仕事も、砂糖に集まるアリ群のように寄ってきて利をむさぼる。地権者や漁民への補償などは総額からすれば微々たるもの。「ダム利権流域圏」ともいうべきものが、上は国会議員から下は市町村長・議員、土木建設業者まで、大小、各地に形成されてきた。ダム計画の存在そのものが、他の治水アイディアを許さない土壌を地域につくるのである。

5章

かつて「やわらかな水社会」があった

誇り高き「水防文化」をもったムラ

老人たちの話はあちこちに飛び、往きつ戻りつし、とめどがなかった。しかし、日付や数字、名前はじつに細かく記憶されている。

「昔からここは水に浸かるところだったから、洪水には慣れっこだった。だが、泰阜ダムができて（一九三五年）三年後にはもう洪水が起こってそれからしょっちゅう起こるようになった。戦後の三六災（一九六一年）、五八災（一九八三年）のものがすごくて、それ以降は川筋には住めなくなった。

図10　1935年に泰阜ダムが完成後、これより上流の洪水常襲地帯の川治村（現在長野県飯田市）では、100年に1回ほどだった大洪水が10年に一度くらいと頻繁に起きるようになった。ダム完成3年後には相当貯まってしまった土砂が原因、と村人たちは訴えてきた。

昔の洪水では天竜川から水がだんだん上がってくると、家の一階のものを二階に上げ始める。一階が浸からないうちに高台の親戚の家に避難したもんだが、ときには一階が浸かってから二階の大事なものだけ持ち出してタライ舟を漕いだり泳いだりして逃げ出すこともあった。泳ぎ？　小学校のときから天竜川を向こう岸まで泳がされていたんで、みんな泳げたよ。洪水で死んだもんはいなかったなあ。逃げる先はみな決まっていて、何日間かそこで厄介になったもんだ」

天竜川の氾濫原、飯田市川路地区に生まれ育った老人たち三人は、かつての洪水対処法をむしろ楽しげに語ってくれた。

天竜峡にある奇岩の名称の列挙にはいささか、閉口したほどだ。

一九三六年（昭和一一年）に村がまとめた『川路村水防史』によれば、狩猟・採集が中心だった石器時代の集落は台地上にあったが、古墳期以後の農耕の発達とともに低地に移動し村人は水と闘わなくてはならなくなった、しかし三〇〇年ほど前には治水工事が進んで天竜川河道の改修が行われ、かつて川中の島だった荒れ地が美田と化したとある。

そして、筆者・市村威人は記す。

「多くの時間と労力と、巨額の費用を投じて造り上げた川除堤防の破壊欠損も度々であつたにもかゝわらず、村の人々は常住不断にこれと戦った、この水に対する集中力は自ら住民の一致団結となつて現はれ、教化、殖産其他のあらゆる方面に好影響を及ぼして郷當の良風美俗を釀成し、今は郡下の模範村の一に数へらるゝに至ったのである」「水防と治水とは川路村の一大特色であり、誇りでもあり、またその指導原理でもあるわけだ、水との抗争史は川路村の全部なり、と考えても敢て差支はないほどである」

ここからは、洪水との闘いが培った村の強烈なプライドと自治の文化を汲み取ることができる。村は、泰阜ダムが建設される前、天竜川電力（現在・中部電力）に、ダムによって被害を受けた場合の補償契約を結ばせている。しかしダム完成後、頻発するようになった洪水にも、会社はけっしてダムが原因とは認めなかった。が、後に会社は大水害のたびに「見舞金」を村人に支払っている。

水を受け入れなだめた昔の治水

江戸時代までに築き上げた日本の伝統的な治水思想と、明治中期以降に西欧から学んだ治水思想との最大の違いは、洪水を自分のところに受け入れるか、完全にコントロールするかという、「受容」か「征服」かの違いといってもいい。それぞれの背景には、モンスーン気候＋稲作の風土、安定した気候＋畑作・牧畜の風土、といった各風土の上に形成された自然への対処法があるのだろう。

国の治水政策について一般向けに書かれたものを見て気づいたことだが、日本が最初に学んだオランダではデルタ地帯に人が定住し始めたころの干拓の歴史から解き起こしているのに対し、日本のものは明治期から記述が始まる。それ以前に治水技術がなかったかのように。しかし、江戸時代までの技術が、この間の川の近代化にもめげず各地に生き続けていることを私たちは見聞きして知っている。

図11　250年間、洪水を防ぎ続けている吉野川第十堰。表面はコンクリートや消波ブロック（テトラポッド）で覆われ無残な姿となっているが、下は昔からの石積みが健在で水を通し生物の格好の住み処となっている。

その代表的なものが二五〇年も現役でいる吉野川第十堰。石積みで水を透過させる斜め堰だ。武田信玄が釜無川や笛吹川にほどこしたいろいろな治水技術は有名だ。信玄堤、万力堤、聖牛、将棋頭といった木や自然石でできた工作物は四〇〇年くらい活躍している。

本書のなかでいく度も引用させてもらっている大熊孝氏は、以前から伝統的な治水思想や技術を研究してきた日本で稀有な河川工学者の一人である。著書の中で江戸時代初期に書かれたと推定される『百姓伝記』にみられる水防・治水思想を紹介している。

堤防の造り方、土質の選定法、蛇籠《じゃかご》、

牛枠《うしわく》などの水制類の造り方、分派川の閉め切り方といった技術とともに、出水時にどう対応すべきかという水防思想が書かれている。堤防を守る沿川住民の体制、為政者側の義務にもふれ、住民の心がまえとして、洪水はそう長く続くものではないから越流しそうな数時間を手をあててでも防げばいずれ水が引いていく、と「がまん」を勧め、万が一堤防を守り切れないようなときには、最も被害が小さくなるところで堤防を切り、水をちらし、人馬を救助すべしと「受け入れ」を説く。

『百姓伝記』に治水思想の真髄を見出す大熊孝氏は次のように述べる。

「その根本には、時代の技術力を超えた大洪水がいつかは発生し、災害を回避することはできないという前提がある。それゆえ、刻々と変化する洪水現象をよく観察し、被害を最小限におさえるためには、もちろん土地の状況を考慮し樹木を活用してのことであるが、積極的氾濫をも辞さないという対応をとるのである」

川の近代化一〇〇年後の今、もう一度この思想に戻ってきたように思える。そうしようとしてなったというより、日本の自然の摂理が原点に引き戻させたのだろう。

水利用の秩序をつくりあげたムラ社会

ムラ社会といえば今や「閉鎖的社会」の代名詞になっている。かつて生産の場としてのムラ社会が元気で健全だったころ、ムラ社会は「水社会」でもあった。なにも水郷や柳川のような水都をいうのではない、水田稲作のあるところならどこでも、川の水利用についての厳しくかつソフトな秩序をつくりあげていた。

日本における川や湖の水利用は河川法が制定されるまでの長い間、主に水田のためのかんがい用水で、農民がムラ（村落共同体）がもつ水門や水路などの水利施設を、自らが共同で労働力を出し合って造ったり管理しながら水を手に入れてきたものである。とはいえ、同じムラのなかでも上の田の者と下の田の者との間でのいざこざは絶えなかったようだし、まして、同じ水系での上流側と下流側のムラ同士の水争いは壮絶なものが多々あったという。

熊本地域の白川のかんがい用水をめぐる上下流域の対立を調べた報告書がある（「熊本地域の地下水研究・対策史」）。ここに垣間見る水争いは――。

藩政時代後期から水争いは頻発していたといわれるが、明治三一年に県知事が「分水命令」（一定の水不足になった場合には、必ず上流は分水を行わねばならない）を発令するようになってからも、完全に解決しなかった。大正時代に起きたたびたびの紛争を新聞記事でたどると――。

大正一三（一九二四）年八月七日　上流灌水不能
〃　八月一〇日　三百名余瀬田堰へ押しかける
大正一四年八月　一日　下流水不足に上流代表の現場視察
大正一五年七月一四日　下流農民県庁へ押寄す
〃　七月二〇日　下流から窮状を訴え分水命令執行を懇請
〃　七月二一日　上流側が拒絶…
〃　七月二二日　上下流お互いに解決の外なし
〃　七月二五日　白川分水問題協議会　漸く円満に解決

現代の価値観からすればこのような争いは無駄なことなのだろうか。今は、水利権は国土交通省が「認可水利権」として与えるのでほぼ固定化され、一見争いがなくなったように見える。その代わり、それぞれの水利権を積み上げていくからすぐに不足してダム・堰が登場する。ハードソリューションで凌いできたのだ。それに対してかつての水争い解決の模索はソフトソリューションの一形態だったといえよう。

治水においても、どこかに遊水池を設けることは、そこが他の場所のために犠牲になることを意味する。それでも合意をとれるようにするにはどうしたらよいのか。上流と下流での利害調節がどうしても必要になる。相良藩のように、球磨川流域のそのような田んぼを免租田にしたところもある。

「やわらかな水社会」というのは単純に調和的世界でもない。水をはさんで利害対立の関係にならざるをえない当事者同士が「争ったり」「話し合ったり」しながら解決方法を探していくような社会ではなかったか。そして、合意形成に収斂されざるをえない社会と見てもよいのではないか。

6章

いまひとたび、〝共水社会〟をつくる

日本の氾濫原、それは水田

ヨーロッパが川を自然に戻す道を歩みだしたことを、この本の最初に紹介した。そのポイントは「氾濫原再生」だった。日本が学んだ近代河川技術をひと足先に卒業しつつあるかの地から、ふたたび学ぶとしたらそれは何だろう。日本の河川技術者たちは「近自然工法」だけを導入してきてあちこちの川でやり始めている。だが、それらの不自然で異和感を覚える姿を見ると、「その心（思想）」を理解しているとは思えないものが多い。

「日本の河川はヨーロッパのような大陸の河川と違って滝のように海に流れ出てしまう、

洪水時にはふだんの数百倍とか数千倍の流量になるから、とても同じようにはやれない」と河川工学者はよく書く。そのとおりだろう。だが、その国が一〇〇年間も、それほど違うヨーロッパ大陸の治水技術をやってきたのではなかったか。

さて「氾濫原の再生」に学ぼうとするとき、日本で「氾濫原」にあたるのはどこだろう。日本のそれは、かつて気の遠くなるような時間をかけ川が洪水で運んだ土砂で形成してきた沖積平野そのものといえるし、川筋の平地ともいえる。日本人はほとんど氾濫原の上に住んでいるといわれるゆえんだ。しかし、もはや昔の氾濫原に水があふれることはめったになく、そこに氾濫原の役割を求めるわけにはいかない。

水循環や生態的な機能からみると、ヨーロッパの「氾濫原」に近いもの、それは日本ではおそらく水田だ。ヨーロッパで氾濫原の役割として解明されたのは、①洪水を緩和する、②地下水を涵養する、③水を浄化する、④生物多様性を支える、⑤その景観や自然環境が人々に憩いの場を提供する、といったものだった。

一方、日本では最近になって「水田の多面的機能」が認められるようになった。その最大のものが保水力だ。膨大なその量は、〝治水力〟そのものである。

水田は〝地下水ダム〟の有力な涵養原でもある。水田から水が地下に漏れて浅い地下水層に入るため、地下水位はかんがい期に高く冬には低くなる。かつて日本人の生活用水を満たしていた浅井戸は水田が養っていた。

熊本市の水は飲んでおいしいこと、ハイテク産業に使われるほど良質であることで有名だ。九〇万人以上の生活用水を支える熊本の地下水は、じつは上流の白川水田がその供給源だということが高名な水文学《すいもんがく》の専門家である柴崎達雄氏らの調査から解明された。

では水田は水の浄化には役立っているのか。むしろ水を汚していないか。地下水について柴崎グループがこの点も調べたところ、畑地からは肥料原因の硝酸性窒素汚染が出やすいが、水田では作物に吸収されて窒素を除去する作用があり、むしろ地下水の浄化に役立っていることがわかった。ただし一般的に、川にそのまま流れ込む分については吸収以上の肥料や農薬が蒔かれていれば汚染源となる。

最近の里山ブームを支える水田とその周辺環境がもつ生物多様性の驚くべき高さ。とくにカエル、メダカ、トンボ類はじめ、水生生物を中心とした動植物世界に格好の生息地を提供してきたのが谷地田や棚田、周辺の山林だった。しかし、メダカが絶滅危惧種に指定され、カエルも全国的に猛烈な勢いで減っている。

ヨーロッパの氾濫原にも優る日本の水田の多面的機能。そして、日本人の精神的な安らぎとアイデンティティの源を感じさせる風景。水田の機能は、生態や水循環の点からまだまだ解明されなくてはならないし、文化としての価値ももっと掘り起こされなくてはならないと思う。

森林の「緑のダム」効果はいかほどか

さまざまな〝自然にちかいダム〟のうち、森林のもつ水源涵養機能である「緑のダム」効果は、はたしてどれくらいあるのだろう。

日本の森林総面積は二五〇〇万ヘクタール、国土の六七%が今も森に覆われている稀有な国だ。ふだんは恩恵も感じることなく暮らしている私たちの里の生活は、じつのところこの高い森林率によって守られていると言っても過言でない。

これが森林の国土保全機能で、木材を生産する経済的機能の他に「公益的機能」と呼ばれるものだ。林野行政が始まって以来ずっと営林ばかりを追求してきた林野庁が、森林の国土保全機能を重視する政策へと大転換を図ったのは、一九八九年のことだ。

「緑のダム」効果は、いうまでもなく公益的機能に属す。では、二五〇〇万ヘクタールの保水、貯留能力はどれくらいか。林野庁の一九九一年の試算によれば約二三〇〇億トンにもなる。

では、ダムを造る公共事業費との関係で、森林の国土保全機能の経済効果を推し量ることができるだろうか。折りも折り、二〇〇一年三月一八日、信州大学で「河川と共生する治水」と題する公開講座が催された。研究者同士の発表会のようなこの場に一般市民二百数十人が押しかけ、「脱ダム宣言」効果の大きさにお互いが驚くという次第だった。

それはともかく、農林学部森林科学科の野口俊邦氏が「緑のダムの経済効果」を試算したのはタイムリーだった。森林の公益的効果には、①水源涵養の他に②土砂流出防止、③土砂崩壊防止、④保健休養、⑤野生鳥獣保護、⑥大気汚染防止などがあるといい、各機能について人工物に置き換えた場合の費用で計る「代替法」によって試算したという。

結果は、国土全体での森林の公益的機能は約七五兆円！　国家予算規模にもちかい値が出た。このうちいわゆる「緑のダム」効果にあたる①②③の価値は、六三兆八二〇〇億円。一ヘクタールあたり二五五万円だ。これを長野県の森林面積一〇六万ヘクタールに置き換えると、二兆七〇〇〇億円となる。下諏訪ダム事業費の九〇基分に相当する。

さらに、「脱ダム宣言」の対象となった未着工の県営ダム事業費の合計一一九二億円を、田中知事が強調する「森林整備」に充てたとすると――スギ林なら約四〇万ヘクタール、カラマツ林なら約六〇〇万ヘクタールを造成できるという。

以上はもちろん試算ではあるが、私たちのコンクリートダム化されたアタマをやわらかくするのにとても役立つ。治水にしろ利水にしろ、地域を保全するのに多目的ダムや砂防ダムなどコンクリート製人工物だけでやろうとする発想はもうやめたほうが利口のようだ。

〝自然にちかいダム〟とコンクリートダムとの損益分岐点?

日本の国土での〝水の生みの親・育ての親〟ともいうべきは、森林と水田だろう。それぞれの保水・貯水効果も、それの経済効果も大まかながらわかってきた。そこから導かれる心がまえとしては、「ちょっと待て、ダムの前に森と田んぼを」的なキャッチフレーズを、住民はもちろんのこと、政策担当者のアタマに繰り返し叩き込んでいくことかもしれない。

コンクリートダムの治水・利水効果は、みなが信じ込んで(込まされて)いるより実際にはずっと小さい。どういう点でかといえば、流域全体に対しての「面」において、一回

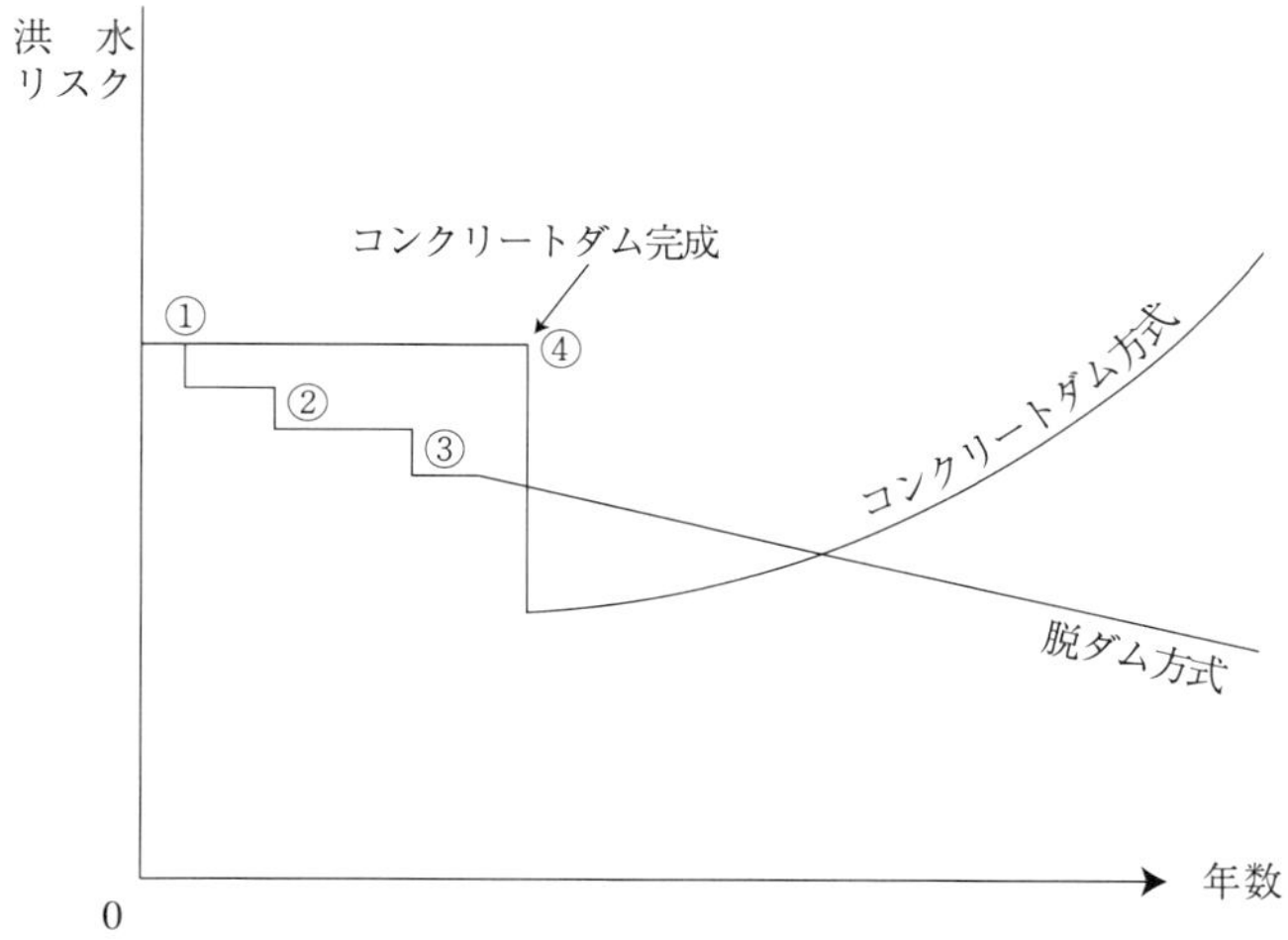

作成：寺井篤樹

図12 〈コンクリートダム方式と脱ダム方式による洪水リスクの時間的変化の比較概念図〉

コンクリートダムのみによる治水では、ダム完成まで数十年かかるため、その間のリスクはまったく減らず、本体が完成した時点で初めてリスクが最も低くなる。が、次第に堆砂量がふえたり水源域や河道の変化などにより、時間とともにリスクが上昇し、ダムがなかったときより大きくなることもある。

一方、脱ダム方式では、河道の浚渫・拡幅①といった短期間・低コストにできる対策からスタートし、遊水池の設置②、建物の移動③といった土地利用変更など時間のかかる策へと段階的・複合的に対策を進めていくことになるので、リスクは小刻みながら確実に下がっていく。並行して森林整備を続け保水力を高めていくことで、それらの効果が総合的に相まってリスクはなだらかに低下し続ける。

その結果、コンクリートダム方式と脱ダム方式による洪水リスクは、ある地点以降、前者が高くなる一方に対し後者は下がる一方となり、乖離は大きくなるばかりだ。

の洪水量に対する「量」において、そして効果が持続する期間に対する「時間」においてである。前二つに関しては、日本のダム立地が山奥のため流域全体に降る雨のほんのわずかしか関われない、そして一度の洪水量に対して容量が小さすぎる、という日本のダムの〝宿命〟からくる限界である。たとえば計画上、浅川ダムでは流域面積の二二％、下諏訪ダムでは三二％ほどしかカバーできない。

三つ目の「時間」とは。前ページの図12を見てほしい。これは、長野県大町市に住み青木湖の水利権訴訟（後述）原告でもある寺井篤樹氏が考えた〈コンクリートダム方式と脱ダム方式による洪水リスクの時間的変化〉ともいうべき概念図である。まだ数量化されたものではないけれども、考え方としてはこうだ。

コンクリートダムのみによる治水の場合、ダムが完成するまで何十年もかかるため、その間の洪水リスクはまったく減らない。一方、「脱ダム方式」によって河道の浚渫・川幅の拡幅、遊水池や貯水施設などの設置を徐々に行っていく場合は、それぞれの完成までの期間が短いので段階的にリスクは下がっていく。その間にも森林整備は続けられるので、その効果はじわじわと現れて少しずつだがリスクをなだらかに押し下げ続ける。

数十年後、コンクリートダムが完成した時点で、洪水リスクは一挙に下がり、一定期間は「脱ダム方式」より下がるかもしれないし、下がらないかもしれない。どちらにせよ、この時点よりリスクが減ることはない。それからはコンクリートダムに堆砂が貯まるにしたがい、あるいは河道の変化や流域の不整備により、早いものでは数年後から、急激にまたは徐々にリスクは右肩上がりに上昇していく。放っておくと、バックウォーター水害は起こりやすく、治水容量は減る一方となってダム水害の危険性は高まり、ダム完成前よりリスクが高くなる。このような状態のときに計画以上の洪水が起きると、人々の備えもなく被害は突出することになる。

脱ダム方式ならば、こまめな浚渫、さまざまな対策の組み合わせでリスクはなだらかながら下がり続ける。その上に住民の避難や水防のソフト対策が加われば、突然の甚大な被害を避けることができる。

このような比較概念の要素には、〈費用と時間〉〈生態系再生と時間〉などもありうるから、みなで知恵を出し合ってこの概念図を精度の高いものにしていき、ダム計画ごとに作成して比較してみてはどうだろう。

〝地下水ダム〟を育てる町

かつて日本人の飲み水であり生活水だった井戸水や湧水は、どんどん手放される傾向にある。その要因は、まず水道が普及したこと、地下水を水源にしていた水道もダムができるとダム水に切り換えられてきたこと、地下水の涵養力を維持してこなかったために地下水位の低下を招いたこと、地下水汚染にきちんと対処しなかったことなどが考えられる。このような地下水問題に対処して、最良の飲み水といわれる地下水を「守る」だけでなく「健やかに育てる」政策を行っている市町村がある。

清水の里として知られる秋田県六郷町は六〇を超える湧水群を生かした町づくりをしているが、その一環として地下水を涵養するユニークな策によって水循環をうまく暮らしに生かしている。雪深い二〇〇一年一月に訪ねて見聞きした話を以下に紹介したい。

奥羽山脈の麓になだらかに広がる扇状地上にあるこの町では、一部簡易水道があるほかは六〇〇〇人が井戸を使い、「おいしくて安い」からと水道を引かないで地下水を選び続けている。水質もよく昔からの造り酒屋も健在、環境庁の「全国名水百選」や国土庁の「水の郷」にも選ばれた。しかしこの町でも、一九七九年に水田の圃場整備を行った途端に町のあちこちで水涸れや水不足が出るようになったため、町は地下水測定をして町の地下水の動きを七〜八割解明。圃場整備のさいは排水用側溝の底をコンクリートで張らないことにした。それでも涸れる不安が消えないので、秋田大学の水文学者、肥田登氏に協力を要請してユニークな「人工涵養」が始まった。

「人工的に減らされた水は人工的に補うことを工夫すればよい」というのが、その基本的考え方。これに基づいて三つの策を講じている。まず、かんがいをしないために地下水位が下がる冬期間のみの「人工涵養田」をつくり、冬の地下水づくりを一九八八年から始めた。三軒の農家に「迷惑料」を少々支払い約四ヘクタールをこれにあてる。二つ目は「強制人工涵養田」。井戸涸れや水不足を生じた家があると、そこに水が出るよう水脈をさかのぼった水田に砂利層に達する穴をあけて水を入れる。だいたい二キロメートル下流でちゃんと水が出て、農薬も検出されないという。四カ所七〇ヘクタールある。

三つ目は「涵養保安林」の整備。森林整備事業のひとつに位置づけ、江戸時代から水源林としていっさい手を着けていないブナなど二五〇ヘクタールの混交林の手入れを行う。これには草刈りや間伐に対して出る国の補助金を一〇〇万〜二〇〇万円利用している。森林整備以外はすべて町の自主財源で行っている。最もかかるのが二〇〇万〜三〇〇万円の調査費でそのための補助金はないのだが、町が自由にできるのはメリットだという。涵養田の年一度の浚渫が必要だが、これらすべてを合わせても事業費は一〇〇〇万円にも満たないだろう。担当職員も一名以下。同じ効果をダム建設と比べると、年間四億九五〇〇万円節約できるとの試算だ。自然循環を利用した水政策は安いことを証明する例である。

山―川―田―地下水―人。小さな一地域ながら、水循環をひとつながりのものとして捉え、その恵みをいただく。豊かさを次代に残していく新しい知恵が生まれてきている。

サケ、アユ、風景にも水の権利が

アメリカのダム撤去運動のキャッチフレーズは「カムバック・サーモン」だ。先に報告した信濃川中流域での「水なし川」状態に対して流域市町村も、いよいよ「カムバック・サーモン」運動を始めた。これまで中魚沼漁協は、年間一〇万～四〇万匹ものサケ・マスの孵化と放流を続けてきたにもかかわらず、宮中ダムの上で発見されたのはこれまでにたったの一〇匹。また、長野県側の飯山市や栄村の子どもたちも二〇年近くにわたって数十万匹の稚魚を放流してきたが合計四八四匹しか戻らず、子どもたちに夢を与えられないまま放流をやめてしまった。

　サケが上る川を取り戻す運動は、川に水を取り戻す運動にほかならず、しかも魚が遡上できる状態まで自然状態を回復させなくてはならない。ならば魚道を付ければ解決するのかというと、そうではない。宮中ダムには比較的ゆるやかな魚道が付いているが、前述のようなありさまである。サケが仮にここを突破したとしても、西大滝ダムのコンクリート壁の前には立ち往生するしかない。また、現状の「水なし川」では、瀬切れするうえ真夏の水温は三〇度以上にも上がり、アユなどにはとても棲めたものでない。

　ここから、ダム撤去という選択肢が出てくることを避けることができない。実際、高知県四万十川の家地川堰（ダム）で地元から強い撤去運動が起こり、結局、橋本大二郎知事は撤去を求める代わりに四国電力への水利権更新を三〇年から一〇年に短縮することで国土交通省と手を打った。アメリカのダム撤去も古くなり稼働率の低い発電ダムから手を着けられている。

　ダムのせいで「水なし区間」を抱える河川は全国にたくさんあり、「撤去」の声をあちこちで聞くようになった。これは「川の水は誰のもの」という素朴な疑問をかきたたせる、水利権のあり方についての極めて二一世紀的なテーマになるだろう。

長野県大町市からは、青木湖と信濃川水系の高瀬川の水を昭和電工という一企業が取り尽くすほどの権利を許している国土交通省（河川管理者ゆえ）に対して、「川は川らしく湖は湖らしく」を求める注目すべき裁判が起こされている。水利権の概念を量的にでなく、質的に広げていくことを時代は求めている。そして、水というこのうえなく「公《パブリック》」の自然物利用の許認可を一省庁（局）が〝独占〟する行政の是非も問わなければならない。

「氾濫前提」答申を「脱ダム」で読むと

「河川氾濫前提」を打ち出した二〇〇〇年末の河川審議会答申は、読めば読むほど画期的、いや革命的とさえ思えてくる。「河道主義の治水」の限界を認めたというだけでなく、治水の概念そのものの切り換えを迫っているからだ。いわば、「あふれさせないのが治水」から「あふれてからの治水」へと。

答申の提言では、「従来の河川改修と合わせて」とあるが、基本的に今後とるべき策は、流域の特性によって「あくまでも連続堤方式を前提にする域」と「連続堤方式はもはや前提にしない域」とに大きく二つに分けられた。つまり、〝脱連続堤〟が正々堂々と治水方針に掲げられたのである。連続堤方式にはダムも含まれるから、〝ダムを前提にしない流域〟での治水策である。そうか、「脱ダム方針」はもはや、これと同じ土俵に乗っかっていたのか。

ならば、「脱ダム方針」を答申の文脈で読んでみることにしよう。

1. 答申では流域特性を〈雨水の流出域〉〈洪水の氾濫域〉〈都市水害の防衛域〉の三つに区分した。大まかには、上流域・中流域・下流域という対応関係とみていいだろう。このうちで連続堤方式をはずせないのは、中流域の「氾濫の被害が広範囲に及ぶ」域のみとしている。それ以外の中流域と下流域については、基本的に「氾濫させる」域と位置づけたのだ。理由は、中流域で連続堤にしようとすると、宅地や農地の大半を堤防にとられてしまうからで、下流域の都市部についてはもはや堤防の限界が明らかなので「氾濫」が大前提となるからだ。

要するに、よほど広い範囲が被害を受けるところ以外では、〝脱連続堤・ダム〟を方針とすることになる。しかも全河川流域についてである。

2. 〝脱連続堤・ダム〟の域を設けるということは、現在ある水系ごとの治水計画はすべて見直されなくてはならない。なぜなら、現在のは連続堤・ダムだけに頼る治水計画だからだ。いやそれ以前に、現在の治水計画の根拠とされる洪水の規模が、戦後の森林や国土が荒廃していた洪水多発期に合わせ、しかも雨量や流出量を大きめ大きめの数値を採用し、計画高水流量を実際に起こりうるものより相当に大きく設定しているという問題がある。

従来計画を予定どおりやりながら流域管理もというのでは、予算に屋上屋を重ねるための騙しテクニックとなってしまう。河道治水分と流域管理分とに分けて、新たに計算して納得させてほしいが、その川その川の実績にもっと忠実に計算すれば〝脱連続堤・ダム〟で十分いける流域はたくさん出てくるはずである。

3. 今ダム計画の残るところは、それではどの特性の流域にあたるのか。川辺川ダムはどうか、徳山ダムはどうか、清津川ダムは、長野県の県営ダムでは……。それぞれのダムによって「氾濫を絶対にさせまい」とする流域とはどこなのかを、論点に登場させなくてはならない。

4. 答申によると、〝脱連続堤・ダム〟を前提とする流域では、伝統的な治水技術や土地利用の変更、水防体制を復活させなければならない。森林管理はもちろんのこと、たとえば霞堤、二重堤、河川沿いの樹林帯、輪中堤、遊水池、宅地嵩上げ、建築の制限、建て方の工夫、そのための融資や助成制度などが挙げられた。「水害が起こることをあらかじめ想定した対応をとっておく」とされた下流の都市部においては、もはや「水防体制」の確立だけが説かれる。

こうして、一世紀かけてぐるり一巡した末に、治水は流域管理という名の「土地利用策」と「水防」へと昔の原則に戻ってきた。最新の河川政策の提言は、「脱ダム宣言」なみに革命的だと言っても過言ではないのである。

川の管理人を交替させるとき

大河川を国が管理するようになったのは明治以降だ。中央集権を標榜する近代国家の腕の見せどころとして、藩ができなかった大治水事業をやってみせる必要があった。以来一世紀余、河川管理の仕事の中身がまったく変質しようとしていることがはっきりした。治水といえども、流域の土地利用策と水防が基本となるのだとすれば、これまでのように国が大上段に構えてやる必要があるのだろうか。

二級河川については都道府県知事が管理者であるが、一級河川についても都道府県が行ったほうがむしろよくはないか。河道主義による大治水事業も、大型ダムによる水資源開発も大方は一段落したのだから、国は最小限の仕事を残して河川管理の大舞台から静かに降りていってもよさそうだ。さらに小さな河川はこれまでどおり、市町村が管理すればよい。

これまで公共事業として費してきた莫大な河川改修費は、森林整備や土地利用の変更に多くを振り向け、情報収集・発信や水害保険の原資などにまわされるようになるべきだろう。そうだった、このような予算の使い途の変更は、アメリカの開墾局でもなされたことだ。そして開墾局が自ら身を切って人員と予算の削減を行ったように、国土交通省河川局も自分からリストラを行わなくてはならなくなるだろう。それができなければ、早晩、ダムを推進する議員に一票を投じる人口は少数派になるだろうから、政治的な決断で行われざるをえないだろう。

河川局がもつ莫大な治水費は縮小し、そのうえで大部分をまずは都道府県、市町村へと分権化する。なおかつ国の仕事として残るのは何だろう。これまでに造った大型施設のメンテナンスと二県以上にまたがる流域管理の調整と技術的な支援。大量に抱えている河川技術者は出向なり、コンサルタントとして自治体に派遣することで双方が生きる形を見出せないだろうか。補助金・権限のヒモツキでなければ優秀な彼らは国土交通省のためでなく、本気で地域のために働いてくれると思うのだが。

水道ももはや「脱ダム」でいこう

下諏訪ダム問題がクローズアップされて、私がまず意外に感じたことは岡谷市の水道用水開発がこのダムの目的に入っていることだった。一九八九年夏に岡谷市水道を取材で訪ねたときの印象とかけ離れた方向に進んでいたからだ。現在のダム計画では岡谷市は一万トンの水道用水を確保することになるようだ。

その理由が「トリクロロエチレンで地下水が汚染されたから」ダム水と取り換えるのだと知り、じつのところ悲しくなった。あれほど水を大切に誇りにしていた岡谷市水道だったのにここもダムにプライドごと呑み込まれてしまうのか、と。

足かけ一〇年以上にわたって全国の水道問題を取材したり調べたりしてきたなかで、私は、郷土自慢の伝統ある地下水を捨てさせられダム水に取って代わられていく水道の悲劇をいくつも見た。三鷹市、山口市、鶴岡市などなど、心ある市の水道職員たちは政治的力の前に泣く泣くおいしい地下水を手放していっている。これから成瀬ダムに参加して地下水から転換する計画をもつ秋田県南の中小市町村もある。もちろん、水がまずくなり料金が跳ね上がる水道を受け入れなくてはならない市民が最も気の毒なのだが。

「緩速濾過池《かんそくろか》を残し17の水源を守る　市民への〝見せる施設〟も」。一九八九年に私が書いた記事のタイトルだ。岡谷市水道は、大正一一（一九二二）年、製紙工場で働く女工たちに伝染病が流行しこれを防ぐために敷かれた古い歴史をもつ。一九八九年時点では市街地周辺に点在する一六の湧水・深井戸と一カ所の河川水から日量三万五〇〇〇トンの水を取り、河川水の浄水場は水道創設以来の緩速濾過で生物処理のおいしい水を送り出していた。

湧水と深井戸については、市街地に近い井戸からはトリクロロエチレンなどが基準値の二〇分の一くらい検出されるからと、「将来的にも汚染の心配のない山の上の深井戸」をわざわざ掘ったのだと説明された。当時いちばん新しかった内山水源の配水池はステンドグラスをはめ込んだドーム型の塔で、「市民に関心をもたれるような水道でありたい」との願いをこめたと聞いたのだった。

これほど水源を大切にしていたのに、ダム推進派から聞かれるのは「汚染された地下水」のことばかりだ。どうなってしまったのだ。安全をとって山の上に移動した井戸まで基準値にも堪えられないほど汚れてしまったのか。揮発性の高いトリクロロエチレンなど有機溶剤の特徴を生かし曝気《ばっき》装置を開発して浄化していた三鷹市の先例などに倣おうとはしたのだろうか？　ダム水が入れば残留塩素がふえたり、水道料金が上がることに市民は合意しているのだろうか？

　全国的に見て、水道用水をダムで新たに創り出さなければならないような地域はもはやほぼ残っていない。少しばかりの増量を求めるにはダムは負担が大きすぎて合わないのだ。これからダム乗りを計画しているような水道はきまって中小規模であり、とんでもない負担を住民に末永くかけることになる暴挙に気づかない首長・議会があまりに多い。もっと勉強してほしい、もっと住民のフトコロや自然について考えを及ばせてほしい。老い先短い方々はもっと真剣に前の世代から引きついだすぐれた水利用のしくみを子や孫の世代に伝えてほしい。子どもも孫もその地に暮らして負担をしていくのだから。

　水道の量質ともに問題解決を模索するなら、人口動向からも負担からしても「脱ダム」から出発しなければならない時代なのである。

さまざまな工夫を組み合わせた浅川の「脱ダム」案

「脱ダム方針」は、それでは具体問題にどのように生かされればよいだろう。前出の信州大学での「河川と共生する治水」講演会で、「浅川の治水計画の問題と総合的治水対策について」と題して話した国土問題研究会の河川工学者、上野鉄男氏の提案をここでは紹介したい。

まずは、長野県の浅川ダム計画における治水計画そのものに問題があることとの指摘だ。「ダムの代替案」が必要なのではなく、ダム計画を導く治水計画そのものの根拠の問題は、浅川にかぎらず論争のあるダム計画すべてに共通するものといっていい。

ダムが必要という根拠に使われるのは数字である。どんな数字かといえば「計画高水《たかみず》流量《りゅうりょう》」をどれだけダムでカットできるかというもの。と聞いても何のことやらだが、要するに、川の地点ごとにここまではだいじょうぶという最高流量を決めておき、その数値目標を達成するために、雨水が流れ出す量が最高となるときに上流ダムでどれだけ抑えることができるか、ということ。浅川ダムでは一〇五トン減らすという計画だ。これを「ピークカット量」という。

いつもダム計画で問題となるのが、「計画高水流量」が実績と比べて大きすぎること。この目標値を出す計算式に入れる「係数」、とくに雨の強さ、降雨の流出する率が現実離れしているからだ。たとえば浅川のある地点で点検すると、どちらの係数も実績よりかなり大きい数字が使われていて、実績から余裕をもって割り出した数字より一六〇トンも多い目標値となっている。「まともな設定」をすれば数字上ダムなど要らない。

もうひとつの問題は、ダムを造ればすべてが解決するような宣伝文句を使うこと。一九八二年、一九八三年に起こった浅川下流での浸水被害はかつて遊水池だった場所に町営住宅を建てた責任が問われたそうだが、仮にこのときダムがあっても、一六時間ほどでダムに入った雨量全部が下流に出てきてしまうので、千曲川の警戒水位が二二時間続き浅川への逆流が原因であるこのケースで被害を防ぐことはできない。

そこでダムを前提にしない流域全体での「総合的な治水対策」としては、川の流下能力が足りない箇所で川の断面を変えたり、宅地側の堤防嵩上げといった河川改修が必要であり、今も遊水池として機能している農地はもっと機能的に使い、住宅地側の堤防は高くするなどが考えられる。

住民と専門家と流域市町村とで、このようなさまざまな知恵を出し合う機会がなくてはならない。浅川ダム計画に対し論理的な反対論を展開してきた内山卓郎氏は、「他にもまだまだ治水案はある」と言う。県のダム計画が降ってくるところからでなく、「脱ダム」から始めたほうが〝対立〟型でない、よほど建設的な解決策が出てきそうではないか。

流域を単位に「水循環」で再構築する社会

日本が近代国家となりタテワリ官庁のなわばりに切り分けられる前、森林から海までを〝ひとつながり〟のものとして捉え対策する思想が、この列島にはあまねくあった。それは近代の市民的な自然保護思想からなどではなく、みながそれぞれの生態系に生存を賭けていたからだった。人口のほとんどが自然資源を利用して食べる〝生業〟をもっていたから、そんな言葉や概念がなくても、生態系のつながりを壊すことは死活問題だったのだ。

家や共同体、藩にとっても同じことだった。ただし、その死活問題につながる自然資源をめぐる争いは壮絶であり、いずれどこかに落としどころを見出さねばならない性質のものだったろう。だから、今でいう民主主義的ではなかったろうが、諦めも力関係も含め、ある意味で「合意形成型の社会」だったのだと思う。

水は、なかでも最も重要な自然資源のひとつだったはずである。それゆえに、水循環を知り尽くした知恵を身につけ、資源を末永く維持するために知恵をめいっぱい使った。それが地域にあまねく広がる〝自然にちかいダム〟を創意工夫して創り出し配置していった経緯なのだろう。

そのような伝統の知恵やソフトを二一世紀の知恵と合体させ、日本列島に生かすことはできないものか。「氾濫前提」答申をさらに流域特性や地域特性、そこの伝統や風土に合わせた形で、治水だけでなく全面展開の水政策として押し広げることができそうに思う。たとえばこんなアイディアを提案してみたい。県ごとに、あらゆる流域単位で「水循環政策」なるものを創出する。計画レベルでもよいが、条例で正当性を担保しておくのがよいかもしれない。もちろんそれは、るる述べてきた理由から「脱ダム方針」に基づいたものでなくてはならない。とはいえ、県は調整・とりまとめ役に徹し、実作業は流域の地域ごとに選んだあるいは志願した住民、NPO、各分野の専門家などで構成する政策グループが県とともに行う。流域の地域は必ずしも市町村単位とはかぎらない。

まずは、流域を特性ごとにいくつかの地域に分け、それぞれの地域が流域の水循環にとってどのような特性、機能をもつものかを調査し把握する。それを主要なものからリストアップし、できれば数量化する。水文学、生態学、林学、地形学、土壌学などの専門家の力を大いに必要とする。

そのうえで、各域がそれぞれどの役割を主として引き受けるかを検討し、その地域でできる具体的な策を案出していく。水循環に関わる具体的な地域機能としては、雨の貯留、流出防止、洪水防止、水質浄化、土砂流出防止、土砂崩壊防止、生物多様性の保全、地形の保全、地下水の涵養、農林業生産、風景の保全、水道への利用、漁業、排水、水のリサイクル、憩い・遊びの場、観光、伝統的な産業……などなどが考えられる。

地域での具体策を案出するにあたっては、地域に持ち帰り、その地域で最も流域全体に貢献できて、なおかつ地域の利益とバランスのとれる策は何かをひねり出す。そのさい、かつてその土地で行われていた方法や役割も参考にできるよう、古老の話や歴史的資料も大いに考慮する。具体策は、ただ心がければいいものもあれば、土地利用の変更が望ましい場合もあるだろうから林業・農業政策、都市計画などとの関係を重視しなくてはいけない。

このようにして上流の森林から下流の都市まで、〝ひとつながり〟の水循環策でつないでいき、流域全体としての水政策を形づくる。必要なら法律や条例を変えたりつくったり、財源も先に書いたような考え方で国のものを県または市町村レベル、もしかしたら〝流域自治体〟とでも言うべき単位に下ろせるようにし、プロジェクトごとに予算がつくよう工夫する必要がある。そのときに補助金システムは使わないようにする。

「脱ダム宣言」は、その飛び出し方などに異論が出ているものの、私たちの固定観念を打ち破る破壊力をもち、さまざまな想念を呼び起こしてくれている。

私はあの短い宣言文のなかで、「日本の背骨に位置し、数多の水源を擁する長野県に於いては出来得る限り、コンクリートのダムを造るべきではない」という一節がことに気に入っている。目を閉じれば瞼の裏に信州のダイナミックな水脈が映ずるほど豊かな水循環イメージを創り出し、現実にしたいものだ。

あとがき

二〇〇〇年秋以降、長野県は日本で最も熱い自治のスポットとなってしまった。田中康夫といういってみれば特異なキャラクターの知事を県民の圧倒的な期待によって生み出したからだ。

そして二〇〇一年二月二〇日の「脱ダム宣言」勃発。これには、ダムと闘ってきたファイターたち、公共事業専門家たちさえも驚いた。それはそうだ、闘うといったってこの国の公共事業の非合理な「仕組み」をやっつけるために、とりあえずは同じ土俵に乗らねばならなかったのだから。それが、土俵に上がる直前にいきなり取り組み中止を宣言したみたいな。こんなこと〝よくない〟とみなが言うに決まっている。案の定、巨石を水面に投げ込んだように、側近との衝突に始まり、県議会の荒波、そして波はだんだんと外へと広がっていっている。この先、「脱ダム宣言」がまっとうされるのか不透明になってきた面もある。

さて、数々の田中批判が出つつあるのを横目で睨みつつ、これまた突然に言い渡されたこの緊急出版の一冊を急いでなんとか書き上げた。といっても、与えられた時間制限という物理的限界のなかでは、じっくりていねいにもっと問題を掘り下げながら書くことはできなかったし、書いているうちに次から次へと「あれも書かなくちゃ、あ、これも忘れてた」と浮かんできて、制限時間いっぱい試合打ち切り状態でとりあえずはパソコンの電源を切ったような次第だ。

それゆえの粗《あら》さはお許しいただき、今後もっと議論を深めたり本質を理解するため、足りない視点のご指摘やご指導をお願いしたいと思う。

と、最初に言い訳のようになったけれども、築地書館の土井二郎社長から「緊急出版」を言い渡されたとき、これまで何年も取材したり調べてきて私のなかで形をとりつつある〝ダムの真実〟を、今、簡潔にまとめておこうという気持ちが生じた。引き受けてから早速、これまで記事にしたり論文にしたもの、参考にした本などを引っ張り出し畳の上に並べ積み重ねてみたらけっこうな量になっていた。あちこちに書き散らしたものや考え続けたものを拾い集め、資料と合わせ、走りながら簡潔かつ率直にまとめていったものがこの本である。

私は、水道問題を入り口にダム問題に入った。最初の単著『水道がつぶれかかっている』は、全国の水道事業の借金残高が一二兆円（出版当時の一九九八年は一一兆円）にも積み上がってしまったおカネの「仕組み」を解明しようとしたものだ。その〝核〟にダムがある。終章に私は次のように書いた。

「明らかにしてきた問題群の中で、少なくとも『補助金』と『起債』のあり方はどうしても見直すべきだと私は考える。そして、その二点を誘い出す役割を果たしている現在の『広域水道政策』が問題である。広域化そのものがいけないというよりも、国のカネという甘い誘惑とセットになった金太郎飴みたいな全国統一規格的な公共事業に、どこもかしこもハマりたがる傾向をつくり出しているからである。誘惑に負けた自治体・水道は、そうして今度は国の高利のローン地獄にハマって抜け出せなくなる――こういう悪循環を、現状の広域水道政策がはからずも生み出している、と考えるからである」

「広域水道政策」を「ダム計画」に置き換えれば、そのままダム問題に通用する。この二点を田中知事はちゃんと指摘している。補助金と、起債の穴埋めのようにして国からやってくる交付金という財源欲しさに、都道府県も市町村も事業をつくる。かくしてダム、道路、ハコモノなどが、ひとり暮らしのお年寄りや子どもをほったらかしにしながら地域をうずめていく。たとえば治水についていえば、「総合治水対策」を掲げながらそこにおカネが付かないから、八割負担してもらえる「ダムだけ」に浅はかにも走ってしまう。今や残り二割も払えないフトコロ具合なのに。

そうこうしているうちに、実質的な「脱ダム」は各地で着実に進んでいる。まさに今日、「鳥取県が中止決定した中部ダムに代わる地域振興策を全国で初めてとりまとめた」と朝のニュースは伝えた。「脱ダム」が進まない数々の事情のひとつに、水没予定地区への補償問題が大きく立ちはだかっていたが、それにひとつの答えを出すものだ。

また、長野県の浅川ダム事業にみられる補助金の返還問題が大きなネックになっている。が、これも地方分権推進委員会の勧告を受け、各省庁が返還を求めない方針へと変わってきている。それに、もし国土交通省が長野県に返還を求めるようなことがあれば、国自身が行った公共事業中止勧告対象の約二七〇事業に対してとった方針と整合性がつかなくなる。国がやめたいものなら返済不要で、県自らが決めたものはダメ、というのでは筋が通らない。

水道問題への取り組みから「水道は自治の学校だ」と私は考えるようになった。その伝で、「ダムは公共事業問題の先生だ」。さらに、「公共事業は日本の姿見である」。そして「財政は民度のバロメーター」だと。

「ダムだけで四年間が過ぎてしまうのじゃないか」と、田中知事のもとを去った杉原佳尭氏はコメントしている。しかし、現実はそうもいかないが、ダムだけで徹底的に四年間やるならそれは県民にとってものすごい〝勉強〟となるにちがいない。自治の根幹に関わる地雷原のようなものだからだ。

今、長野県で「ダム」や「治水」と題した会が開かれれば、あっという間に数百人が集まり、熱い議論となる。二〇〇一年三月に行われた信州大学での講演会にも、階段教室に入りきらないほどの一般市民が押しかけ、専門家たちに質問をし意見を述べた。そのなかで、心に突き刺さる発言があった。「信州大学の先生方はこれまで、長野県のダムやその他の開発に非常に悪い役割を果たしてきたのではないか。学者の良心に基づいて、もうちょっと長野県の自然に対して謙虚であっていただきたい」。

「脱ダム宣言」の効果とはこれなのだろう。知事の当選コメントではないが、県民が自由闊達にモノを言い、議論好きの土壌をもう一度耕すこと。民主主義の学校、いや寺子屋は再開されたばかりだ。

これまでの取材や出会いを通して、じつに膨大で多様な〝真実〟を教えてくださった多くの方々に感謝申し上げたい。いちいちお名前を挙げきれないほどなので、割愛することをおゆるしいただきたい。なお、研究、取材活動両面で並々ならぬご指導をいただいている法政大学の五十嵐敬喜先生に、この場を借りて心からお礼申し上げたい。

【参考文献】（書籍のみ記載）

公共事業チェック機構を実現する議員の会編『アメリカはなぜダム開発をやめたのか』築地書館
日本弁護士連合会公害対策・環境保全委員会編『川と開発を考える』実教出版
マーク・ライスナー著／片岡夏実訳『砂漠のキャデラック　アメリカの水資源開発』築地書館
パトリック・マッカリー著／鷲見一夫訳『沈黙の川』築地書館
天野礼子『ダムと日本』岩波新書
五十嵐敬喜・小川明雄編著『公共事業は止まるか』岩波新書
大熊孝『洪水と治水の河川史』平凡社
高橋裕『21世紀の河川』ジャーナリストOBクラブ情報資料センター
熊本地下水研究会・財団法人熊本開発研究センター『熊本地域の地下水研究・対策史』―「熊本地域の地下水に関する総合研究」報告書―
川辺書林編『田中県政への提言』川辺書林
国土庁長官官房水資源部『平成11年版　日本の水資源』
保屋野初子『水道がつぶれかかっている』築地書館
日本自然保護協会三十年史編集委員会『自然保護のあゆみ―尾瀬から天神崎まで、日本自然保護協会三十年史―』
(財) 日本自然保護協会
川路水害予防組合『川路村水防史』
J・ヘルマント編著／山縣光晶訳『森なしには生きられない』築地書館
熊本一規『公共事業はどこが間違っているのか』まな出版企画
コンラッド・タットマン著／熊崎実訳『日本人はどのように森をつくってきたのか』築地書館

高橋裕『河川にもっと自由を』山海堂
武井秀夫『脱ダム賛歌』川辺書林

著者略歴——保屋野初子（ほやの　はつこ）

一九五七年長野県上田市生まれ。

旧制中学の校風が残る県立上田高校、筑波大卒。

フランス留学、出版社勤務を経て、フリーのジャーナリストとして朝日新聞の「アエラムック・学問がわかるシリーズ」創刊以来の編集デスクを勤めるかたわら、「週刊現代」「アエラ」などを中心に取材記事多数。

南・北アメリカ、ヨーロッパでの環境問題を取材した海外ルポも多い。

法政大学大学院博士課程（政治学専攻）で研究活動も続行中。

『田中県政への提言』（川辺書林）では、「県財政」を分担執筆。

主著『水道がつぶれかかっている』（築地書館）は、行財政改革の立場から水道事業の全体像を描き、大きな反響を呼んだ。

長野の「脱ダム」、なぜ？

二〇〇一年四月二五日初版発行
二〇〇一年五月一〇日二刷発行

著者――保屋野初子
発行者――土井二郎
発行所――築地書館株式会社
東京都中央区築地七-四-四-二〇一　〒一〇四-〇〇四五
電話〇三-三五四二-三七三一　ＦＡＸ〇三-三五四一-五七九九
振替〇〇一一〇-五-一九〇五七
ホームページ＝http://www.tsukiji-shokan.co.jp/
印刷・製本――明和印刷株式会社
装丁――小島トシノブ

 ISBN 4-8067-1223-X C0036

くわしい内容はホームページで。URL=http://www.tsukiji-shokan.co.jp/

●「脱ダム」を裏づける本

砂漠のキャデラック

アメリカの水資源開発

マーク・ライスナー［著］　片岡夏実［訳］　六〇〇〇円

アメリカの現代史を公共事業、水利権、官僚組織と政治、経済破綻の物語として描いた傑作ノンフィクション。アメリカの公共事業の構造的問題を暴き、その政策を大転換させた大著。

◉**アウトドア評**＝本書は、あのレイチェル・カーソンの名著「沈黙の春」以来、アメリカで最も影響力のある書として、各方面からさまざまな賞賛を得た話題の本である。

◉**読売新聞評**＝水資源開発への懐疑を機軸に、米国のダム開発の歴史を丹念に追い、政治的利益のためにダムが造られていった過程を描いている。

◉**日本経済新聞評**＝一冊の本が一国の政治を変えることがある。「水」をテーマにしたこの本が、米国の公共投資のあり方を変えた。日本の水資源開発のあり方を考え直す手がかりにもなる。

沈黙の川

ダムと人権・環境問題

パトリック・マッカリー［著］　鷲見一夫［訳］　四八〇〇円

大規模ダム建設から集水域管理の時代へ。世界各地の河川開発の歴史と現状を、長年にわたるフィールド調査と膨大な資料からまとめあげ、川を制御する土木工学的アプローチの限界を描いた大著。

◉**週刊金曜日評**＝ダムに頼る治水や灌漑が、もはや破綻していることを教えてくれる。そして世界の先進国が、集水域管理による「非構造的アプローチ」で洪水に対処しようと変身中であることをも示している。

◉**日本経済新聞評**＝ダム建設にまつわる利権の構造を探る。ダム関係の詳細な資料は本質的な議論に役立つ。人間が自然を制御しきれるか考える参考になろう。

◉**山と渓谷評**＝多くの先進国で大規模ダムの建設が遺物となりつつある現在、なおダム建設に熱をあげる日本人にこそ本書は読まれるべきだと著者は述べている。

◉総合図書目録進呈。ご請求は左記宛先まで。
〒一〇四―〇〇四五　東京都中央区築地七―四―四―二〇一　築地書館営業部
《価格（税別）・刷数は、二〇〇一年四月現在のものです。》

●ダム問題を考える本

エコシステムマネジメント

柿澤宏昭［著］　二八〇〇円

生物多様性の保全を可能にする社会と自然の関係とは？

経済・社会開発と生態系保全を両立させるエコシステムマネジメントという新しい手法を、日本で初めて本格的に紹介する。アメリカでの行政・企業・市民・専門家の協働による実践事例をもとに冷静に評価・分析する。

流域一貫　森と川と人のつながりを求めて

中村太士［著］　二四〇〇円

21世紀に求められる流域管理、流砂系管理、集水域管理、景域管理の指針を指し示す書。北アメリカ、中国、釧路湿原など、先進事例、調査事例を紹介しながら、森林、河川、農地、宅地と分断されてしまった河川流域管理をつなぎ直すための総合的な土地利用のあり方を提言する。

三峡ダム　建設の是非をめぐっての論争

戴晴［著］　鷲見一夫＋胡暐婷［訳］　◉2刷　四八〇〇円

中国で発禁処分となった話題の書。財政、水運、堆砂、治水、発電、住民移転、文化財・環境保全など、三峡ダム建設にともなう様々な問題を、中国国内の学者や研究者が徹底論究する。世界最大級のメガ国家プロジェクトに冷静な評価をくだす大著。貴重な情報も満載した。

水道がつぶれかかっている

保屋野初子［著］　一五〇〇円

借金残高11兆円をかかえ、自治体を財政危機に追い込んでいる水道事業。10年にわたる取材から、わかりにくい「水道破綻」問題の全体像を明らかにする。

◉毎日新聞評＝身近な「水道料金」をキーワードに、水道行政のかかえる問題点を徹底的に追及した好レポート。

くわしい内容はホームページで。URL=http://www.tsukiji-shokan.co.jp/

●日本の自然を考える本

「百姓仕事」が自然をつくる

2400年めの赤トンボ

宇根豊［著］ ◉新刊 一六〇〇円

田んぼ、里山、赤トンボ、畔に咲き誇る彼岸花……美しい日本の風景は、農業が生産してきたのではないだろうか。生き物のにぎわいと結ばれてきた百姓仕事の心地よさと面白さを語り尽くした、ニッポン農業再生宣言。

四万十川・歩いて下る

多田実［著］ ◉5刷 一八〇〇円

◉野田知佑氏（読書人評）＝行政による凄まじい自然破壊が報告されている。自然保護に関心のある人には必読の本。読むべし。

◉椎名誠氏（週刊文春評）＝ていねいで鋭いアウトドアルポの傑作。

◉山と渓谷評＝川を通して、自然と人との関わりを考えさせられる。

里山の自然をまもる

石井実＋植田邦彦＋重松敏則［著］ ◉5刷 一八〇〇円

◉日本農業新聞評＝自然保護のキーワード「里山」を多様な生物が共生する自然環境としてとらえ直し、その生態と人間の関わり合いの中で、環境の復元と活性化を図ろうとする。

◉教育新聞評＝具体的なサゼッションも豊富。環境教育の一助としても有効な一冊。

よみがえれ生命の水

地下水をめぐる住民運動25年の記録

福井県大野の水を考える会［編著］ ◉新刊 一九〇〇円

水質調査をはじめとする継続的で着実な調査、リーダーを議会に送り込み行政を効果的に動かす活動、それでも超えられない政治・経済の利権構造……住民運動のモデルケースとして全国的に注目を集める活動リポート。